神奇的自然地理百科丛书

生命的希望——海洋

谢　宇◎主编

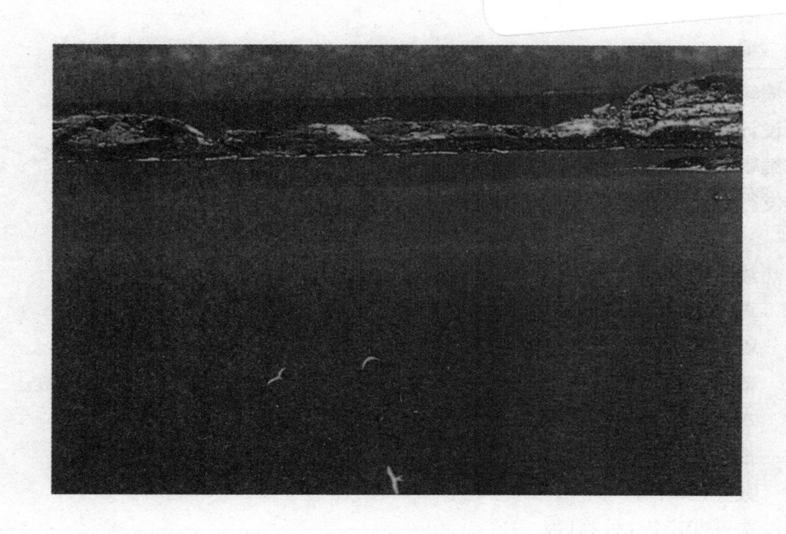

花山文艺出版社

河北 · 石家庄

图书在版编目（CIP）数据

生命的希望——海洋 / 谢宇主编. — 石家庄：花山文艺出版社，2012（2022.2重印）
（神奇的自然地理百科丛书）
ISBN 978-7-5511-0655-9

Ⅰ. ①生… Ⅱ. ①谢… Ⅲ. ①海洋－中国－青年读物 ②海洋－中国－少年读物 Ⅳ. ①P7-49

中国版本图书馆CIP数据核字(2012)第248744号

丛 书 名：神奇的自然地理百科丛书
书　　名：生命的希望——海洋
主　　编：谢　宇

责任编辑：师　佳
封面设计：袁　野
美术编辑：胡彤亮
出版发行：花山文艺出版社（邮政编码：050061）
（河北省石家庄市友谊北大街 330号）
销售热线：0311-88643221
传　　真：0311-88643234
印　　刷：北京一鑫印务有限责任公司
经　　销：新华书店
开　　本：700×1000　1/16
印　　张：10
字　　数：140千字
版　　次：2013年1月第1版
2022年2月第2次印刷
书　　号：ISBN 978-7-5511-0655-9
定　　价：38.00元

（版权所有　翻印必究·印装有误　负责调换）

前 言

人类自身的发展与周围的自然地理环境息息相关，人类的产生和发展都十分依赖周围的自然地理环境。自然地理环境虽是人类诞生的摇篮，但也存在束缚人类发展的诸多因素。人类为了自身的发展，总是不断地与自然界进行顽强的斗争，克服自然的束缚，力求在更大程度上利用自然、改造自然和控制自然。可以毫不夸张地说，一部人类的发展史，就是一部人类开发自然的斗争史。人类发展的每一个新时代基本上都会给自然地理环境带来新的变化，科学上每一个划时代的成就都会造成对自然地理环境的新的影响。

随着人类的不断发展，人类活动对自然界的作用也越来越广泛，越来越深刻。科技高度发展的现代社会，尽管人类已能够在相当程度上按照自己的意志利用和改造自然，抵御那些危及人类生存的自然因素，但这并不意味着人类可以完全摆脱自然的制约，随心所欲地驾驭自然。所有这些都要求人类必须认清周围的自然地理环境，学会与自然地理环境和谐相处，因为只有这样才能共同发展。

我国是人类文明的重要发源地之一，这片神奇而伟大的土地历史悠久、文化灿烂、山河壮美，自然资源十分丰富，自然地理景观灿若星辰，从冰雪覆盖的喜马拉雅、莽莽昆仑，到一望无垠的大洋深处；从了无生气的茫茫大漠、蓝天白云的大草原，到风景如画的江南水乡，绵延不绝的名山大川，星罗棋布的江河湖泊，展现和谐大自然的自然保护区，见证人类文明的自然遗产等自然胜景共同构成了人类与自然和谐相处的美丽画卷。

“读万卷书，行万里路。”为了更好地激发青少年朋友的求知欲，最大程度地满足青少年朋友对中国自然地理的好奇心，最大限度地扩展青少年读者的自然地理知识储备，拓宽青少年朋友的阅读视野，我们特意编写了这套“神奇的自然地理百科丛书”，丛书分为《不断演变的明珠——湖泊》《创造和谐的大自然——自然保护区 1》《创造和谐的大自然——自然保护区 2》《历史的记忆——文化与自然遗产博览 1》《历史的记忆——文化与自然遗产博览 2》《流动的音符——河流》《生命的希望——海洋》《探索海洋的中转站——岛屿》《远航的起点和终点——港口》《沧海桑田的见证——山脉》十册，丛书将名山大川、海岛仙境、文明奇迹、江河湖泊等神奇的自然地理风貌一一呈现在青少年朋友面前，并从科学的角度出发，将所有自然奇景娓娓道来，与青少年朋友一起畅游瑰丽多姿的自然地理百科世界，一起领略神奇自然的无穷魅力。

丛书根据现代科学的最新进展，以中国自然地理知识为中心，全方位、多角度地展现了中国五千年来，从湖泊到河流，从山脉到港口，从自然遗产到自然保护区，从海洋到岛屿等各个领域的自然地理百科世界。精挑细选、耳目一新的内容，更全面、更具体的全集式选题，使其相对于市场上的同类图书，所涉范围更加广泛和全面，是喜欢和热爱自然地理的朋友们不可或缺的经典图书！令人称奇的地理知识，发人深思的神奇造化，将读者引入一个全新的世界，零距离感受中国自然地理的神奇！流畅的叙述语言，逻辑严密的分析理念，新颖独到的版式设计，图文并茂的编排形式，必将带给广大青少年轻松、愉悦的阅读享受。

编者

2012年8月

目　录

第一章　认识蓝色的海洋

一、生命的摇篮——海洋

人们总是把我们这个行星看作是一个有着山川平原的世界，一个布满茂密丛林、矮小灌木和生长五谷、青草的绿色世界。其实，从太空望去，我们这个行星大部分区域是蓝色的。有一部分是大气层在地球表面反射的蓝色，而大部分则是海洋的蓝色。海洋覆盖着地球表面7/10的地方。实际上，能够任由我们漫步其上的陆地是一个极小的区域！

在海洋占总面积70%多的地球上，各洲大陆俨然是一个个四面临海的大小不等的“岛屿”。辽阔的海洋，其面积有3.6亿平方千米。它是一个水的王国，平均深度4000米，最深的地方超过10000米。如果我们把地球按比例缩小为直径2米的模型，我们就可以用平均仅1毫米厚的一薄层水代表海水。海洋的容量是无比巨大的。海洋里全部水的总容积，比海拔以上陆地的总体积大15倍还多。假如我们把所有陆地铲掉填到海里，并把它铺平，整个地球表面就都成了海洋，平均有3000米深。实际上，海洋的平均深度为陆地平均高度的5倍。最深的海沟深度远比珠穆朗玛峰的高度大得多。这就是海洋生物赖以生存的巨大而复杂的环境。

同样，人们一提起生物，总是先想到陆生生物，如马、牛、羊，鸡、犬、兔，稻、麦、粟等。当然，这些都很重要，也是我们最为熟悉的生物。但这仅仅是一些和人类朝夕相处的栖于地球陆地上的特殊类群，而栖于那神秘的海洋世界的大大小小、种类繁多的生物又是怎样的呢？

辽阔的海洋是生命的海洋。无论是潮起潮落的滨海，还是一望无际的大洋；无论是波涛滚滚的表层，还是万籁俱寂的万丈深渊之中，也无论是碧蓝清澈的赤道水域，还是冰山逶迤的两极海区，到处都充满着生命。海洋里的生物量比所有的陆地生物的总和还多得多。但海洋生物多隐于那蓝色的帷幕之下，不像陆地生物那样随处可以看到。沿着沙质海滨走上几个小时，或许也见不到一棵植物或一只动物。若扬帆出海，尤其是在热带海域航行数天，也可能只遇见几条逃命的飞鱼和几只孤零零的海鸟。但实际上，海洋里却有着千千万万的生物。

人们要发现和了解海洋里的生物，就必须走到海滨，潜入那寒冷又陌生的海洋世界。对陆生的人类来说，那是一个既不熟悉又不舒适的水的世界。在那里，人们不能像在陆地上那样正常地看到、听到或感觉到外界物体，而且，若没有空气，人就不能呼吸，身上不带上重物，就无法稳定地待下去。不过，这里却是海洋生物的世界，一个生机勃勃的世界。

初到海边的人无不被海所吸引，或观海听涛，或海滨拾贝，或依岸垂钓，或水中沐浴，神秘的海洋能令人们兴致盎然，流连忘返。多数到过海边的人都会有这样的经验：正在尽兴之际，发现海水就像汛期暴涨的河水一样突然涨高，淹没了礁石，覆盖了海滩，转眼工夫，海浪撞击着海岸，激起层层浪花，过几个小时之后，如果旧地重游，就会发现海水已远远离去，海滩上又满是熙攘的人群和欢腾的海鸟。人们对此往往有些迷惑不解。

其实，这是海洋的潮汐现象。一般每天有两次水位升高和降低，升高时为涨潮或高潮，降低时为落潮或低潮。这些现象是由于地球、

美丽的海湾

月球和太阳间引力的相互作用而形成的。

任何两个物体之间都存在着引力。引力的大小与物体的质量和大小成正比，和物体之间的距离成反比。地球、月球和太阳之间当然也存在着这种引力。地球表面覆盖着的海水，势必会受到月球和太阳的引力作用。月球虽然比太阳小，但距地球近，所以，在潮汐的形成上作用很大。地球各地的海水所受月球的引力大小是不同的，距月球较近处的海水受到的引力大，距月球较远处的海水受到的引力小。由于月球绕地球转，地球又不停地自转，当地球转到面对月球时，与月球对应面的海水受引力最大，会被吸引而凸起来，这就形成了涨潮。而地球上与此相反的一面，离月球最远，受引力最小，但受地球的离心力最大，海水也会凸起来，也会形成涨潮。地球的其他区域所受引力与离心力相等，相互抵消，海水就形成低潮。地球上的某一点每24小时50分就会经历两次高潮和两次低潮。月球绕地球一圈的时间是27.5天，当新月和满月时，地球、月球和太阳正好处在同一条线上，面对月球的海水所受的引力最大，所以，涨潮水位最高，退潮水位最低，我们称之为大潮。当上弦月与下弦月，即从地球上看月球和太阳成直角时，月球和太阳对地球潮汐作用在局部相互抵消了，所以，潮最小，我们称之为小潮。成书于战国时期的《黄帝内经》中称“月满则海水西盛”，“至甚月廓空则海水东盛”；汉代王充在《论衡》一书中也说“涛之起也随月盛衰”，这些都阐明了潮汐涨落与月球运行的关系。

涨潮时的水位线称“高潮线”，退潮时的水位线称“低潮线”。高潮时被水淹没，退潮后又暴露出来的宽大地带称作“潮间带”。这里是最为复杂的地带，一般每昼夜有两次暴露在空气之中，两次淹没于海水之下。浸于水下时，温度较稳定，退潮后，由于会受到夏季骄阳的暴晒，冬季冰雪的覆盖，还常有风和雨的袭击，所以，温度变化大。整个潮间带的地貌条件并不统一，其上部接近陆地的条件，下部则接近海洋的条件。在这种复杂的环境中，生存着各种不同的生物。

穿过潮间带就进入了真正的海洋。沿大陆边缘的区域，海水较浅，称“沿岸带”。水深200米或更浅的海区称为“大陆架”或“大陆棚”，也是生物最为丰富的海区，再向外就属于外海或大洋了。

若我们跟踪退潮的海水走进潮间带，仔细搜寻和观察，就会发现各种有趣的生物。潮间带的类型不一，有的地方是沙滩，有的地方是泥滩，有的地方是岩岸，有的地方是混合滩。类型不同，生物往往也不同。在泥滩，常覆盖有薄薄的一层海水。透过海水，在一个个小小的区域内，往往有数以百计的小海螺；一堆堆小丘似的蠕虫粪，表明那下面藏着蠕虫；小小的水坑里，有小虾在跳动；往下挖沙时，会看到一个个紧闭双壳的贝类或一片片破碎的贝壳；再往前去，会看到长刺的海胆，有条纹图案的海葵，形形色色的小海蟹、海星和奇形怪状的滩涂小鱼；在凸起的岩石处，会看到颜色和形状不同的丛生的海藻，掀起海藻，会发现那下面是一个昏暗的世界，那里除了躲藏着小鱼、小虾，还有逃窜着的蟹，带刺的海螺，黄色的海绵，奇怪的珊瑚状生物，甚至有刺蛄、藤壶等，令人目不暇接。回头望去，成群的海鸟，像海鸥、滨鹃等，在海滩上忙忙碌碌，搜寻着各种美味的食物。这里到处都是生机勃勃的生命迹象。

二、悠久的海洋文化

1.海洋文化的内涵

人类在数千年的文明发展史上，创造了丰富灿烂的海洋文化。它既是人类文明历史的重要构成部分，也是当代人类文明发展中的重要构成部分。“海洋文化”这一名词和概念，不是近几年才有的，更不是某个人的发明，而是现代汉语里和中外近现代学术界常用的词汇和概念。但把它作为一个学科提出

蔚蓝色的海洋

一望无际的大海

来，上升到学科意识，并且受到重视，却是近几年来的事。

联合国教科文组织曾经组织进行过为期十年的海上丝绸之路考察研究项目，成绩斐然。这些说明，关于海洋文化，古今中外的研究成果都很多，只是都还没有把“海洋文化”作为一个学科来研究。没有“海洋文化”这个学科，所有的有关研究只能是孤立的、单方面的，或是别的学科视角下的研究，也就不可能把“海洋文化”作为一个整体来研究，把所有的有关海洋文化的思想和现象纳入“海洋文化”这个整体的框架之中来研究。这样，就不能从根本上整体认知影响我们人类世世代代的海洋和由此而生成的人类海洋文化，由此，也会妨碍我们在21世纪的今天，对占地球面积70%多的海洋进行可持续性大开发、大利用的观念、意识和方向。

“21世纪是海洋世纪”，这已经成为国内国际的共识，然而，“海洋世纪”并非单靠海洋科学家、海洋技术专家、海洋工程专家和海洋企业家发展海洋经济就能解决、解决好的事情。“海洋文化学”作为一个学科，其创建和发展正是基于“海洋文化”整体概念提出的，以及对其本质的认知把握。

1995年～1997年，广东炎黄文化研究会连续三年举办了海洋文化笔会和研讨会，出版了《岭峤春秋·海洋文化论集》。1996年，青岛海洋大学（现中国海洋大学）提出研究海洋文化，建立海洋文化学科，学校将此写入1997年工作要点；1997年，全国第一家专门的海洋文化学术研究和人才培养机构——海洋文化研究所，在青岛海洋大学成立，当年，《青岛海洋大学学报》（现《中国海洋大学学报》）（社科版）开设了“海洋文化研究”专栏，海洋文化研究所组织力量开始了《海洋文化概论》和《海洋观教育》丛书的编写；1998年，学校开设全校选修课——海洋文化概论；1999年，该课程列入全校必修课程，并出版了全国第一部《海洋文化概论》教科书，同年，大型年刊《中国海洋文化研究》第一卷由文化艺术出版社出版；2000年，该课程列入省级教育改革试点课程建设项目，同年，《中国海洋文化研究》第二卷由海洋出版社出版；2001年，此刊第三卷由海洋出版社出版。同时，海洋文化研究所与国外的合作交流相继展开，与韩国有关方面合作成立的中韩海洋文化研究中心，自1999年成立以来，一直活动频繁，合作研究与学术交流成果不断。此后，全国又成立了数家海洋文化研究所。可以说，中国的海洋文化研究作为一门学科，其创建和发展已经初具阵容，并在国内外产生了较为广泛的影响。这是中国作为一个海洋大国的历史基础与现实需要使然，中国海洋事业的发展使然，世界海洋事业的发展使然，21世纪作为海洋世纪的到来使然。

大连老虎滩春色

美丽的海洋风光

什么是“海洋世纪”？它至少包括这样几个层面：它是海洋经济的世纪；它是海洋高科技的世纪；它是建立国际海洋权益新秩序的世纪；它是海洋资源和海洋环境可供持续发展的世纪；它是全民——地球村的全体村民的整体海洋意识和海洋观念普遍强化的世纪，亦是新一轮海洋文明到来和发展的世纪。在20世纪末，人们有着沉重的“世纪末”感觉和心态：人口压力越来越大、环境恶化越来越严重、生存空间越来越狭小、陆地资源越来越少、食品生产和供应越来越捉襟见肘……于是，人类不甘于束手待毙，纷纷把目光重新投向海洋。于是，21世纪会成为海洋世纪，这已经成为国际社会的共识。但归根结底，海洋世纪对于海洋最根本的策略，就是要强化和端正海洋意识、海洋观念，依法治海、依法治洋。因为海洋已大面积地遭受严重破坏，众多海湾已成或将成“死海”，鱼虾蛤蟹携菌带毒，海面油污狼藉，甚至在不少海区，所有的海洋生物行将灭绝！

在公海，人们惊呼的声浪同样不绝于耳，“尼诺”“尼娜”兄妹频繁造访，给众多的沿海国家和地区甚至非沿海的国家和地区造成了严重的损失。中国内江内河的连年大洪水，中国沿海越来越频繁的风暴潮大灾害，使得人们在歌颂伟大的抗洪精神、抗灾精神的同时不得不反思：人类和大自然的关系应该怎么处？人定胜天？天定胜人？还是成为朋友，和谐互利，共存共荣？退田还湖！退田还林！退田还海……说到底，就是退人造——那些“无知识”的人造，还自然——包括合乎人文精神的自然！21世纪作为海洋世纪，最根本的是21世纪的意识问题、观念问题，怎样开发利用海洋的指导思想问题，能否制定和执行，尤其是执行可持续发展战略的问题。在海洋世纪，如果缺失了海洋文化的研究，将会变得不可想象。

把海洋文化作为一个学科来建设和研究，首先必然面临着需要解决“海洋文化”的学术概念及其内涵和外延的问题，也就是“什么是海洋文化”的问题。这似乎是每一门学科在创立时，甚至在创立后都必须解决的问题。

2.什么是“海洋文化”

这个问题看似简单，其实并非如此。翻一翻中外关于什么是“文化”的定义，就不下百种，“海洋文化”的定义自然得由研究者概括。对此，我们曾比照过“文化”的一般定义：

文化，从广义上讲，是人类社会所创造的物质财富和精神财富的总和；从狭义上说，是人类社会的意识形态以及与之相适应的社会制度、组织机构和生活状态，是人类的知识、智慧、科学、艺术、思想、观念等的结晶和物化形态，是人类文明进步的表征。海洋文化，作为人类文化的一个重要的构成部分和体系，就是人类认识、把握、开发、利用海洋，调整人与海洋的关系，在开发利用海洋的社会实践过程中形成的精神成果和物质成果的总和，具体表现为人类对海洋的认识、观念、思想、意识、心态，以及由此而生成的生活方式，包括经济结构、法规制度、衣食住行习俗和语言文学艺术等形态。

后来，看到广东炎黄文化研究会编的《岭峤春秋·海洋文化论集》，其中，有不少文章也探讨到海洋文化的定义，不过，没有统一的标准，下面，我们列举几个有代表性的定义：

海洋文化是中华文化的重要组成部分。所谓海洋文化，其实也是地域文化，主要指中国东南沿海一带别具特色的文化。同时，也包括台、港、澳地区以及海外众多华人区的文化。显然，这是仅从“中国海洋文化”的概念去理解的。

海洋文化，顾名思义，一是海洋，二是文化，三是海洋与文化结合。我们可以理解为：凡是滨海的地域，海陆相交，长期生活在这里的劳动人民、知识分子，一代又一代通过生产实践、科学试验和内外往来，利用海洋创造了社会物质财富，同时，也创造了与海洋密切相关的精神文明、文化艺术、科学技术，并逐步综合形成了独特的海洋文化。

海洋文化虽然不是人类的全部文化，却是人类全部文化的发生源、历史与逻辑的起点，同时，也是后来的人类全部文化的重要构成部分，且在众多民族、国家和地区那里，一直是主体部分、重心或者中心部分，甚至就是那里的文化的全部。

三、海洋文明的起源与发展历程

1. 海洋文明的起源与发展

以我们传统的眼光和认识角度来看，人类在长久的发展历史中，大多是脚踏着坚实的土地，在地面上耕种，在地面上做工，在地面上衣食住行，在地面上生老病死、婚丧嫁娶，在地面上编织着家族与社会，在地面上演绎着悲欢离合、丰富多彩、可歌可泣的人生。然而，我们如果换一种眼光和角度看世界，就会发现，人类实际上是一只脚踏着大地，一只脚踩着海洋的，而且，人类的生命、人类的文明，事实上是从海洋那里开始诞生、开始延续的。

生命科学的研究结果表明，海洋是地球上一切生命的母胎和产床，一切生命都起源于海洋。人类生命的本源自然也不例外。不仅人类生命的本源出自海洋，人类文明的诞生及其发展也依赖于海洋，与海洋有着不解之缘。

海洋大约占地球表面积的71%，俗话说“三山六水一分田”，实际上，海洋的面积比“六水”还多。从宇宙学的视角来看，地球是一个大水球。因而，有人戏说人类给自己所在的星球起错了名字，“地球”应该叫“水球”。人类的居住环境，被浩瀚的海洋包围着，“水球”上的一片片陆地，只不过是一个个大大小小的“岛屿”而已。自然地，从总体上来说，人类的形成和发展以及生活都离不开海洋。即使从当代来看，世界上人口居住密度最大的区域也是各沿海地区，而且，“当今世界的发达国家几乎都是沿海国家，一国之内的发达地区也几乎都是沿海地区”。从历史上来看，尤其是从人类文明的起源那里来看，情形更是如此。

过去，我们讲世界文明的起源，讲“五大文明”，海洋文明除了地中海爱琴文明，其他如古巴比伦文明、古埃及文明、古印度文明、古中国文明，都被说成是内陆文明，是江河流域文明，比如，说古巴比伦文明是两河流域文明、古埃及文明是尼罗河文明、古印度文明是印度河文明、古中国文明是黄河（或加长江）文明，这类说法只说对了一半。事实上，这些文明都是内陆文明与海洋文明的复合产物，如果追溯其始源，又多半都是海洋文明的产物：古巴比伦文明、古埃及文明与爱琴文明一样，都是地中海文明的产物；古印度文明是阿拉伯海及孟加拉湾文明的产物；古中国文明是环（沿）中国海包括今日称为渤海、黄海、东海和南海的文明的产物。关于中国的文明起源和发展于海洋文明这一问题，在这里，我们不妨略加解说：

第一，就地域而言。中国现有18000千米的海岸线（尚不包括各岛屿的海岸线），即使仅就渤海、黄海、东海和南海的沿海地区，这里也可算是中国文明的发源地。更何况，创建中华文明的祖先在沿海的生活范围和活动区域，还远远不止这些。后来，被称为“东夷文化”和“百越文化”的所在地区，都是沿海文化区域。我们至今以

“炎黄子孙”自居，而中华文明的祖先炎黄各部族，现在的中国古史研究也越发清楚地表明其发源于古东夷地区和古百越地区。尽管我们中华史前文明的历史发展链条还比较模糊，还不够具体，但大体的和合理的脉络却有源可循，所谓“黄河文明”，是沿海的东夷海岱文明从黄河下游向中上游的延伸和推进；所谓“长江文明”，是沿海的百越（粤）包括吴越文明从长江下游向中上游的延伸和推进。

让我们的目光向历史的时光隧道回溯延伸。人类在进入农耕文化之前，最早的文化是渔猎文化。作为中华文明祖先的沿海地区的“贝丘人”，在考古中已有了越来越多的发现。辽东半岛、环渤海湾、山东半岛、江苏、浙江、福建、两广地区以及长山岛、台湾岛、海南岛等大岛及其周边的许许多多群岛、列岛、小岛上面，原始社会的贝丘遗址分布极多极广。贝丘中有蚶、牡蛎、蛤蜊等海洋软体动物20多种，足可说明海产品对于原始人饮食生活的重要，这是就其物质生活的文化层面而言。其精神生活的文化层面，“贝丘人”的审美文化，也是以海为延伸点。在大多为新石器时代遗址的这类贝丘中，有很多被打磨和穿钻得十分细致讲究的贝饰，足以说明海洋产品对于原始人服饰生活和审美生活以及信仰生活的重要。正因为这样，贝才具有了贵重的“价值”，以至于当人们有了物质交换的需求进而发展到货币交换的历史时期之后，贝竟然成了“币”。在我国历史中，至少从殷商时代产生货币交换制度以来，贝就一直作为“硬通货币”，直到秦代，它才被废止，后来，在王莽新朝时期，它还曾得以复辟。至今，有些少数民族仍然使用贝币。即便今天在我们的汉语言中，我们依然称贵重值钱、喜欢疼爱的东西为“宝贝”；在我们的汉字里，大凡与“贝”字相关的，大都和货币、财宝、贸易买卖等等相关。

让我们的目光再往前追溯。即使今天看来，我国远离大海的陆地，包括山区和高原，在我们中华文明的起源期，也有很多曾经是沧海一片，那里的祖先也曾在沿海地带生活繁衍，与海洋息息相关。我们知道，早在20世纪30年代，考古学家就在北京周口店地区发现了“山顶洞人”的遗址。在这些生活于距今两万年左右的旧石器文化晚期的“山顶洞人”那里，我们不但发现其用来佩戴的饰品中有海蚶壳，而且还有大量的海产品遗弃物堆积。我们完全有理由推测，那时的“山顶洞人”，就是一些“靠海吃海”的我们中华民族的先民。这不是天方夜谭。有谁会想到巍巍泰山的脚下，曾经是汪洋大海？更有谁会想到，即使西藏境内的海拔8000米以上的希夏邦马峰，竟然曾是海洋动物们遨游的世界？且不要说有些沧桑之变发生得十分遥远，甚至人类文明在那时也还远远没有诞生，即使有了人类文明之后，这样的沧桑之变，也在不断地发展，并且至今也在不断地发生着。只是在人类文明的历史长河中，作为个体生命的人，“肉眼凡胎”不便察知罢了。人类有文字记载的历史，在人类文明史上，也只是弹指一瞬而已，但在民间传说中，在那些从古老洪荒年代传承下来的口碑记忆及其心理的、文化的积淀里，这种沧桑之变永远挥抹不去。新华社曾经播发过一则消息：“在藏族神话传说中，青藏高原原是一片大海，后来变成长着棕榈树的海岸，气候炎热而湿润。令人惊奇的是，越来越多的科学考察得出的结论与这一传说相吻合。”事实上，有许许多多的神话传说，原来看似荒诞不经，却正反映了历史的真实，至少是部分或者变相地反映了历史的真实，即如新华社消息所说，是“科学与神话相吻合”。我国古代著名的传说“麻姑三见沧桑之变”，也是一例。沧桑之变大多是渐变过程，即使大量渐变造成了突变，麻姑一人也不可能亲历所见其三，此虽为神仙家言，但这一传说所反映的沧桑之变本身，却是自然变迁使得人类文化得以变迁的真实历史。直到今天，“沧海桑田”“沧桑之变”“历经沧桑”等，依然是人们将对海陆变迁的自然现象和社会现象的认知本身，借喻到对社会和人生变故的表述上来的常用词语。

正是这种海陆变迁、沧海桑田的“交叉感染”，使得我们中华文明的大多数祖先或多或少、或先或后受到过海风的吹拂，有过沿海而居的经历。也就是说，在中国这块辽阔的土地上，即使中华民族大家庭中那些在今天看来远离海洋的居民的祖先，也大多和海洋有过不解之缘，并在他们的后代中一直“残存”着挥抹不去的关于海洋的历史文化积淀。

不仅我国各民族，世界上大多民族中也都有流传“洪水兄妹婚”的神话，其“世界性”大洪水的暴发与退落及其给人类各有关民族的历史延续或先或后造成的毁灭性和再生性影响，也同样是人类各民族永远挥抹不去的潜入民族灵魂和血液的历史记忆。

所谓“洪水兄妹婚”神话，亦称“宇宙毁灭与人类再生”神话，讲述的是在我们现在的人类文明历史以前，世界上就已经有过人类文明，但被一次天下大洪水全部淹没了，世界上只剩下兄妹俩，两人为使人类再次得以繁衍，求得神的允许而结婚，从此才有了今天的人类。这一神话在我国中原汉族地区和周边许多少数民族地区，以及在日本、在东南亚、印度、欧美等国家和地区，都流传较广，其中，在很多地区、很多民族那里，它被保存得相对较为完整。在我国，瑶族、苗族、仫佬、毛南等少数民族对其保存得较为完整，而汉族对这一神话的流传已残缺不全了——关于洪水部分的内容成为共工神话：《左传·昭工十七年》谓“共工氏以水纪，故以水师而得名”；《管子·揆度》谓“共工之王，水处什之七，陆处什之三，乘天势以隘制天下”；《淮南子·本经训》谓“舜之时，共工振滔洪水，以薄空桑”；《淮南子·天文训》谓“昔者共工与颛顼争为帝，怒而触不周之山，天柱折，地维绝。天倾西北，故日月星辰移焉；地不满东南，故水潦尘埃归焉”。关于兄妹婚部分的内容，则成为伏羲女娲神话《独异志》谓“昔宇宙初开之时，只有女娲兄妹二人，在昆仑山，而天下未有人民。议以为夫妻，又自羞耻。兄即与妹上昆仑山，咒曰：‘天若谴我兄妹二人为夫妻，而烟悉合；若不，使烟散。’于烟即合，其妹即来就兄”。关于后者，神话学者称之为洪水情节的遗失，而共工神话可视为其遗失部分得到了独立性演变的产物。

从洪水兄妹婚的神话，我们得到很多信息。这一神话为何在世界各民族中传承得如此普遍？这是否意味着人类历史上确实发生过大洪水，因而，才使得人类普遍有了这样的共同记忆，其说依然具有“永久的魅力”（马克思论神话语）？事实应该是，在人类的远古历史上，由于地壳和海平面的变化，陆海几经变迁，在人类聚居较为集中的许多地区，都曾或先或后发生过桑田沧海之变，使那里的人类群落遭受了洪水淹没，灾难之后，那里的人群所剩无几，他们只得近亲结合，由此繁衍开来，形成了后世的某种文化范式。不同的人类群落，或者说不同的时代经历了如此几近毁灭的人类群落，所再生的文化范式或有不同，但大多我们可称之为“近亲文化”。人类之爱，爱国、爱民族、爱社会、爱团体，而最基本的是爱亲族、爱家。这在人类的心理情感和言语行为里，都深深地渗透和体现着。比如，我们汉族中关于“家”“家国”“国家”“大家庭”“家天下”等的观念；对本非一家的人互以同一家庭、同一家族或同一亲族成员相称谓，“哥哥”“姐姐”“叔叔”“阿姨”满天下，男女相爱者多以“哥哥”“妹妹”相称谓（此绝非只是语言现象）……不一而足。对此，历史文化学者多从农耕文化上给予揭示，殊不知，就其发生源和文化心理机理上来说，在民间那里，就已经与海陆沧桑的记忆和文化积淀密切结合在一起了。

沧海桑田之变，极大地影响了人类的生存发展势态及其社会文化模式。欧洲的“大西国”覆没于大西洋之下的说法，在柏拉图的思想里有着强烈的反映；“麻姑”几见沧海桑田之变的说法，不仅成为中国道家学说的重要因素，而且深深地影响了中国的民间信仰；中国的新疆、青海等高原地区，谁会想象它们曾经也是茫茫沧海一片？尽管那里的海洋气息早已被大漠、高山、草原的风所吹淡；而久负盛名的江南“鱼米之乡”，久被视为人间天堂的江浙苏杭，曾几何时或为沿海之地，或为沧海之底；现如今中国也好，世界各沿海国家也好，许许多多的滨海发达地区、发达城市也都是退海之地，都是入海河口的冲积平原；而今人多有发现的海底公路、海底城堡的遗迹，则又向我们传递着不知多少沧桑之叹，令我们生发出无尽的苍凉而又释然之感。清楚了这些，各洲大陆之间，各海各洋之间，无论是“远隔重洋”也好，还是“一衣带水”也好，由于海洋占地球面积的70%之多，海陆变迁在时间上的频率之快、在空间上的幅度之广，人类某一文化圈之内，甚至各文化圈之间有一些相似、类同或者完全相同，也就是十分自然而然的事情了。

第二，就生活方式而言。中国原始社会即有了发达的海洋型生活方式，包括饮食、服饰、生产、货币、贸易等方面。其中，有很多方面，上面都已经涉及。“靠山吃山，靠海吃海”“渔盐之利，舟楫之便”，“东狩于海，获大鱼”，原始的史前航海以及“殷人东渡”等海上移民，民俗文化风情等等，虽然这些没有什么文字记载以供参详，我们也自可想见。看一看《世界地理大发现》之后，西方国家海上殖民扩张时期，文化人类学和民族学、民俗学学者们对一些欧洲“蓝色文明”社会的“文化残留物”和各“海外”“新发现”的“野蛮”民族地区（大多也都是“蓝色文明”民族和地区，只不过海洋文明的模式和进程不同罢了）的采风调查及其研究记述，我们更可推知一二。

第三，就古老的精神信仰而言。中华民族的祖先主要以龙凤为图腾。龙自不必说，是海洋文化的产物；凤即玄鸟，东夷殷商原始部族的图腾。“天命玄鸟，降而生商”，“殷契，母曰简狄……为帝喾次妃，三人行浴，见玄鸟堕其卵，简狄取吞之，因孕生契。”龙凤融合之后（甚至原来就是一家人，只不过分居在不同地区而为不同的部族），凤便是女龙而已。

由于人类地球村里有了海洋的大面积存在，海洋对人类文明模式的建构和发展，起的不仅仅是基础的作用，而且是人海同构的作用。

对此，我们不妨从以下几个方面加以把握。

第一，海洋影响着大部分地区的气候条件和生存环境，甚至影响着人种的形成、体质体态的特征及其文化的内涵。地球上各个岛屿和大陆的沿海地带的气候属无须争议的“海洋性气候”，因而，天气、温度、动植物的生长等影响着人类的劳作与消费对象、劳作与消费方式、劳作与消费规律，影响着人与自然的生态协调与平衡，即使那些此时段不靠海的地区，也不能不受到海洋性气候和人地环境的影响，甚至直接受到沿海人类的影响，受到沿海文化的影响，因此，在总体上建构起了海洋文化的大体系，尽管在这其中由于人的能动性而千差万别。至于从海洋与人类文明起源的关系上的把握，我们上面已经阐明，在此不再赘述。

第二，海洋影响着人类的观念、信仰、心态、思维方式和审美感受。在人类大多数民族的观念里，什么最大？最大的莫过于浩瀚的海洋。什么最深？最深的莫过于深不见底的海洋。什么最神秘？同样莫过于海洋。什么最吉凶难卜？也是莫过于海洋。什么最使人惊心动魄、荡气回肠？恐怕也莫过于海洋：那一望无际的蔚蓝或湛蓝；那浩瀚澎湃的波峰浪谷；那强力轰鸣的惊涛拍岸；那海鸥盘飞、万舸竞渡的海面；那有着大到长鲸小到浮游生物的充满生机的海中；那色彩缤纷、胜过人间花园的海底世界；那让人不得不精于计算的舟楫构造与海上航行；那顺应潮涨潮落、季风海流等自然规律的海上劳作；那大规模专业化海上作业中来不得小家庭式、家长权威式、自给自足式运作，只能重民主、重能力、重技术、重贸易、重优化组合、重“物竞天择、适者生存”的观念与做法；那富有探险冲动、科学心态、竞争机制，充满浪漫、激情和哲学思辨色彩的民族精神……这一切，都是海洋赋予人类的，从而使得人类各涉海民族及其文化得以披满海风、浸满海味。

第三，海洋影响着民间社会的生活方式。这主要表现在：

海洋影响着民间的饮食结构和饮食习惯。我们知道，我们的原始祖先，最早开始的就是渔猎采集生活，从贝丘人的普遍分布看来，海产是他们的主要食物来源。人类自古至今，几乎不可一日无盐，盐是人类与生俱来的必需食品。无论是在沿海地区，还是在内陆地区，海鲜海产都为人们所喜食，并形成了各民族海鲜海产的饮食文化，包括菜系及其饮食习惯。

海洋影响着民间的食疗、医疗的观念与方法。我国古代更是如此。仅从《本草纲目》等医书来看，来自海洋或源于海产的药材，就有很多。至近现代的海洋药物，尤其是海洋新药的研制与开发，比如碘类及碘的主要来源海藻类药物，比如海龙海马海燕、鱼肝鱼油等营养药物和医疗药物，都有很广泛的应用，并受到人们的认可。

海洋影响着民间的服饰、器物制造及其观念感受。比如海鱼海兽类皮制品、海贝海珠类工艺装饰品等，至今仍有很高的实用价值和欣赏价值。在这方面，我们看一看至今尚带有原始社会色彩的一些岛国中岛民的生活情形，就会更为明了。

海洋影响着民间的居住样式，包括其构造和装饰等。且不说那些以船为家的海上居民，也不说至今仍然常见的滨海渔民的海草房屋，即使是古代上至宫廷建筑、下至民间庭院的外部构造和雕梁画栋，比如龙，比如凤，比如船、锚等的象征，以及壁画、廊绘上面最为常见的“大海红日”“一帆风顺”等等，也与海洋难绝关联。至于澳洲现代建筑悉尼歌剧院的帆船形整体造型，则可以看作是现代建筑与海洋相关联的典型范例。

海洋影响着民间的交通工具与旅行。因为有海洋，必然就有船。船文化，已经是人类文化的一个重要组成部分。出海捕捞，航行送货，旅游观光，走亲访友，娶亲，迎神，如此等等，每一种行事，都有不同的出行仪式、讲究和对船身船体的装扮。还有因有了船而必然要有的港口码头，由港口码头而形成的港口城镇甚至国际港市及其文化，以及作为港口向内陆延伸的经济腹地和文化腹地的构成等，也都是因为海洋的存在而有海上交通包括海外交通的缘故。

海洋影响着民间的婚丧嫁娶及

其家庭和社会组织结构。受海洋影响的人们，尤其是直接与海洋打交道的人们，他们的家庭生活，包括他们的感情生活、恋爱生活、夫妻生活及其禁忌，还有他们的家庭劳作和社会劳作的分工，社会集团和行业的形成与运作等，也自然直接或间接地与海洋有缘。

海洋影响着民间的风俗节日和文化娱乐的仪式与内容。比如，众多的相关海祭、庙会、百戏搬演等。

海洋影响着民间的信仰，包括俗信和禁忌，还有世俗观念和道德价值体系。就连世界上几个大宗教的跨国跨地区远程传播，也是仰仗了海洋的存在而实现的。

第四，海洋影响着人类的语言创造和艺术创造。就语言创造来说，且不说语言的内容，就是语言的声音声调，也多与海洋有一定的关系。比如，就同一种语言而言，为什么越是近海地区的人们，说话的嗓门越大、重音越突出、声调越高？这和越是山区，越是人烟稀少的草原，那里的民歌越多、越高亢，甚至越苍凉的道理一样。至于渔歌、小调，以及像《军港之夜》《大海啊，故乡》之类的音乐创作，则更是直接取自海洋、表现海洋的了。

第五，海洋影响着人类的科学技术发明与发展的走向。比如，地质学、地理学、测绘学、物理学、气象学、化学、仿生学、生态学、生命科学、能源开发与资源利用等等，其发展都离不开海洋学及其工程技术开发的现实需要与直接和间接的影响。

第六，海洋影响着各民族之间，尤其是跨海各民族、区域间的政治、经济、文化、生活方式的交流交往，甚至人种之间的婚配和“混血”交融。世界上几个较大的“文化圈”的先后形成，就是海洋的存在与人的能动性运作的互动结果。我们知道，在世界上最大的几个文化圈中，拉丁语文化圈、英语文化圈的形成，是十五六世纪，世界性大航海和地理大发现的产物；在世界上的几个古文明文化圈中，印度文明文化圈、地中海和爱琴海文化圈等，由于其在海洋上的便利和优势，曾产生过相当广泛的影响，但又由于涉海各国各民族在海洋上的便利和优势的变化，它们又都落伍于时代的发展，被新形成的文化圈所代替。比如，在欧洲黑暗的中世纪时期，代之而起的是以航海、经商起家的阿拉伯文化圈；而欧洲近代资本主义萌芽出现之后，随着大航海时代及地理大发现时代的到来，阿拉伯文化圈又被相互竞争、相互影响和相互交叉，且各有大面积势力范围的拉丁语文化圈和英语文化圈所替代。在自古至今的各个文化圈中，只有汉文化圈一直延续下来并保持着长盛不衰的生命力。

2．海洋文明的未来走向

既然海洋与人类文明的起源和发展有着密不可分的互动关系，海洋对人类文明的未来，也必然会发挥它已经具有和必然具有的影响。“人类社会的进步将越来越寄希望于海洋。换句话说，未来文明的出路在于海洋。”对此，可以从以下几个方面看出来。

第一，当代社会，人口爆炸、能源危机、环境恶化已经成为人类面对的三大突出难题。只有“重返海洋”，才是打开这三把大锁的钥匙。

所谓“重返海洋”，就是说，人类的生命源自海洋，尽管自有人类以来，发展到今天，总体上并没有脱离海洋，但对海洋的重视和开发利用，在不同历史时期，不同民族、国家和地区曾对其不同程度地予以了淡化，甚至忽视。“人类社会到了今天，在陆地上的发展已经受到很大的制约。随着科学和技术的进步，人类渐渐开始寄希望于占地球面积71%，而且基本未被开发的最后疆土——海洋。”

据有关资料统计，世界人口每年净增可达7800万，即相当于三四个澳大利亚的人口，或近一个德国的人口。世界人口如果照此增长下去，人们吃什么？穿什么？用什么？这些都令关心世界未来的人们感到头疼。对于土地、山林、矿藏、湖泊、河流等，其开发利用前景令人担忧：土地因沙化和占用所导致的减少；山林的过度砍伐；矿藏的过度开采，尤其是浪费性粗开采；河流湖泊的严重污染等对人类造成的灾难性影响，已经到了难以估计的地步。在这种情况下，人类再不“重返海洋”，更待何时？

第二，国际社会对海洋已经表现出了前所未有的热切关注，以致将21世纪看作“海洋世纪”。

国际社会对海洋的关注，首先表现为世界性海洋权益观念的强化。比如，各涉海国对领海权及毗连区法权、专属经济区管辖权、大陆架主权、海事法权的主张和要求，已经形成了被人戏称的“蓝色圈地运动”。《联合国海洋法公约》作为国际上大多相关国家业已承认和遵守的国际海洋基本大法，对大多数相关海洋国家来说，都大大强化了其在海洋上的权益，因而也就引发了国际上一系列新的海洋边界争端。日本和韩国的“独岛”（“竹岛”）之争；土耳其与希腊在爱琴海东部一系列岛屿归属问题上的对峙；东亚、东南亚一些国家在南中国海区域的海界分歧，都属于这些问题。

国际社会对海洋的关注，同时表现在由于海洋经济贸易在世界经济贸易中所占的比重越来越大，世界各相关国家，不仅包括沿海国家，而且也包括不少非沿海国家，都不得不更为重视争夺海洋经济贸易的优先权和控制权，以图在“海洋世纪”中不被甩在时代的后面。

国际社会对海洋的关注，还表现在越来越多的国家对海洋的军事防卫（同时也包括进攻）、资源勘探和环境监测等，且投入力度越来越大。有关超级大国的海上军事竞赛，海上、海底、空间海洋勘探技术的开发，各相关国家在海洋科技诸领域既联手又争斗的竞争发展，目的只有一个：为自己争得更多的海洋利益。

第三，人类的海洋意识、海洋观念得到了前所未有的强调。

强化海洋意识、海洋观念，从青少年抓起，已经成为世界上大多涉海国家和地区近些年来的普遍行动。世界各地的海洋博物馆、海洋公园、海洋水产馆等纷纷增建，各种普及性读物纷纷出版，新闻媒体纷纷报道，影视制作纷纷面世，一改过去海洋意识、海洋观念在不少国家和地区相对淡漠的局面。这种情况在我国亦然。

第四，海洋高新技术的进一步

发展，对人类未来文明的发展走向将起到越来越重要的作用。

海洋高新技术，目前正在研究开发的主要有这样一些领域：水下探测技术，如水声技术、水下遥感遥控技术、水下通信技术等；把人送入海中并提供生活工作条件的设施，如潜水器、水下运载器和水下居住舱等；海洋资源开发技术，如海水淡化技术、化学资源开发技术、海洋能源开发技术、海洋生物开发技术、海底和深海矿物资源勘探开发技术等；海洋空间开发与利用，包括把海上、海中和海底的空间用作交通、生产、贮藏、军事、居住和娱乐场所等，比如，人工岛和海上城市的设计和兴造，海上工厂、海上机场的建设，海底隧道的开通等等。所有这些方面，很多已经成为现实，未来必然会开发应用的更多更广，必然会造成极大地影响，甚至改变未来人类的生活与文明的样式，包括人类的生存空间和质量。

第五，与上述诸方面相辅相成的是，未来的海洋经济必然会进一步发展，蓝色浪潮必然会不断涌现，海洋对人类的贡献率必然会不断加大。这将主要体现在，随着世界性知识经济时代的到来和科技创新体系的形成，海洋经济必然出现一些新的高科技产业部门和种类，同时，传统的海洋经济部门和领域，比如，海洋渔业（包括捕捞和养殖）、海洋交通运输（包括海上航运和港口码头服务系统）等，都会有越来越大的发展空间。一些远洋渔场的开辟，近海的大规模立体的高值养殖，越来越多的国际航运中心的建立等，都是明显的现实例子。另外，海洋旅游业作为一种新兴产业，因人类对其审美的、娱乐的需求和消费能力越来越大，也将成为海洋经济的重要支柱之一。

第六，人与自然的和谐亲善意识、人类的海洋文化素质的进一步提高，必然会使人类在未来的海洋事业中真正走上以人为本、合乎人生审美理想的可持续发展道路。

四、海洋孕育了中华民族

人类来自海洋，科学家们发现，从生命起源到出现人类，尽管经历了三四十亿年漫长曲折的过程，但人类目前仍保留着强烈的海洋印记。如人类的血液和海水的某些成分近似。胎儿是在母亲子宫充满羊水的“海洋”里发育的，胎儿的发育经过了鳃裂、去尾等过程，和现在海洋中的哺乳动物发育过程相似。人的躯体绝大部分是光滑的，和海洋哺乳动物相同。人有皮下脂肪，会流泪，能潜水，甚至婴儿一出世就会游泳等。

我国是一个濒临海洋的国家，如同黄河以她丰满的乳汁哺育了中华民族的祖先一样，中国沿海的辽阔海洋，孕育着中华民族的成长。这里既是古老的中华民族繁衍生息的地方，也给古老的中华大地输送了丰富的物质资源。

中国是一个农业大国。“风调雨顺”是一句古老的祝福，也是古今劳动人民真诚的企盼。我们知道，太阳向四面八方辐射能量，其中，有些落到地球上，它们的大部又为海洋所吸收，这就使海洋获得巨大的热量。这些热量在释放的过程中，就影响着大气的循环。尤其在赤道附近的海域，大气受热上升向南北两极运动，更兼受到地球引力的作用，形成了气象科学里说的“大气环流”。大气环流的运动又反过来带动海水的运动，这就又形成了“大洋环流”。大洋环流和大气环流相互作用，一部分带着洋流温度的暖湿空气就流到了大陆，它们的“水分”很足，成了庄稼、林木所需要的雨露甘霖。没有海洋通过大气环流调节气温和雨量，就不可能有禾苗茁壮、林木参天、莺飞草长、喜庆丰年的景象。过去，我们总习惯把黄河、长江说成是中华民族的母亲河，那意思是，我们中华民族生存的乳汁是由这两条河流提供的。千百年来，千百万人也的确是喝着黄河、长江的水长大的，黄河、长江给我们灌溉，给我们文化，给我们以交流的通道。但是，黄河、长江之水始终还是海洋提供的。地球上如果没有海洋，也就与月球无异。海洋是一切生命的基础，古老的海洋，是中华民族的摇篮，也是人类的摇篮。

20世纪80年代初，我国实行了对外开放政策，沿海地带是我国经济最活跃的地区，沿海11个省市占全国13%的土地，却养活了全国

40%的人口，创造了60%的国民生产总值。海洋不仅在过去孕育了人类，在今天和将来，也会为更多的生命提供能量基础。海洋在我国的经济建设和社会生活中发挥着越来越重要的作用。

五、我国的海洋史

我国大陆东南两方都面临海洋，仅大陆海岸线，就有18000多千米，如果再加上岛屿岸线，那就更为可观了。可以说，我国人民自古以来就与海洋息息相关，很早就开始与海洋打起了交道。我国在周口店山顶洞发现的大量人类食剩的鱼骨，在西安半坡仰韶文化遗址发现的鱼叉和鱼钩，就是我们祖先早期从事渔猎活动的见证。我国人民从事的航运、制盐等活动，也有几千年的历史了。《史记》中就有“兴渔盐之利”的说法，这说明我国古代人民很早就认识了渔、盐业对发展经济的意义。到了汉魏时代，海上交通已有很大发展。自隋、唐以后，开始了较大规模的海上对外贸易。我国在航海方面也有过光辉贡献，远在公元8世纪，就有国人发明了船尾方向航，在11世纪，我国发明的指南针就被首次用于航海，大大促进了航海事业的发展。我国杰出航海家郑和，就曾七次率领船队下“西洋”，其航程遍及南洋群岛和印度洋沿岸诸国，直达非洲东岸，是世界航海史上的创举之一。

参与郑和下“西洋”的人数，每次都在两万人以上，每次出航船只总数都在50艘左右。出海船可挂12张帆，船上人员完全按军事编制。出海人员在外海的时间很长，一般都在两年以上，第六次时间最短，也达一年半之久。七次航行之中，第一、二、三次及第六次都到达了印度海岸。第四、五次，到过波斯湾、红海、阿拉伯沿岸及非洲东岸。在第七次航行中，他们穿过了印度洋和红海，沿非洲东岸前进，发现了马达加斯加岛，那里离好望角已经不远了。七次下“西洋”究竟到过多少个国家，众说不一。但是，其航行范围之广却是空前的。国内外海上航行的活动当然并非始于郑和，但他下“西洋”计划之周密、组织之严、规模之大、次数之多、行程之远、范围之广、航行时间之久、贡献与影响之大，在当时却是无与伦比的。郑和第一次下“西洋”，比哥伦布的远渡大西洋，发现新大陆，比外国人发现非洲好望角，以及绕过好望角而到印度，都早了将近一个世纪，郑和可以说是航海史上的第一个伟人。七下“西洋”是炎黄子孙在世界航海史上写下的光辉篇章。

我国人民很早就从事海洋研究工作。远在宋元时代，就首创了“用长绳下钩，沉到海底取泥，或下铅锤，测量海水深浅的方法”。在航海和捕鱼作业时，人们把经过的海区、岛屿和海岸情况编绘成各种海图，用测水深、看底泥来定船位。另外，对港口修筑、滩涂利用、海岸保护等问题也都进行过长期的研究。我国人民的这些创造和经验，对于人类认识、开发和利用海洋，起了很大的作用。只是由于封建统治阶级推行闭关政策，实行海禁，再加上帝国主义用炮舰侵略我国海疆、霸占我国领海，阻碍了我国与外国的贸易和文化往来，阻止了我国的海洋调查研究，才使得我国的海洋事业停滞不前，落后于海洋科学发达的国家。直到新中国成立后，在党的领导下，我国海洋事业才得以迅速发展。

六、我国的海洋概况

我国幅员广大，濒临辽阔的海域。环绕我国东部和南部的渤海、黄海、东海、南海及台湾以东的太平洋海域，一般简称中国近海，其中，渤海为我国内海。各个海域所处的纬度不同，受大陆影响的程度有大有小，因而，自然情况各具特色。一般说来，渤海和黄海，以及东海、南海的大陆架部分，属于温带、亚热带浅海，它们的海底地形、沉积物、水文、气候等受大陆影响的程度较深，下面，我们将对这几个海域进行较为详细的介绍。

渤海：中国的内海，平均深度18米，最深处达70米，是一个近于封闭的浅海，海底全部是大陆架，海底地势自东北、西、西南向渤海中央盆地和渤海海峡微微倾斜。由于注入渤海的河流含沙量较高，大量泥沙在海底沉积，使海盆逐渐淤浅缩小。而大陆河川的大量淡水注入，又使海水的盐度在中国边缘海中最低。渤海的水温变化受大陆性季风气候的影响也比较大，冬季，沿岸大都有结冰现象，潮差3米。

黄海：是一个半封闭的浅海，海底全部是大陆架，海底地势由西、北、东三面向中央及东南方向微微倾斜，平均深度44米，最深处达140米。海水受黄河、长江等河流的影响，含沙量较大，是世界上接受泥沙最多的海，水层也浅，故呈浅黄色，“黄海”因此得名。海水盐度也较低，水温年变化小于渤海，潮差3米。海底沉积物的厚度达1500米以上，含有丰富有机物质的沉积物为石油的生成提供了有利的条件。

东海：海域比较开阔，大陆海岸线曲折，港湾众多，岛屿星罗棋布，平均水深370米。海底大陆架延伸较广，面积占整个海区的2/3，年平均水温20℃～24℃，年温差7℃～9℃。因其位于亚热带，受太平洋的影响较大，因而，和渤海、黄海相比，有较高的水温和较大的盐度。潮差6米～8米，水呈蓝色，海底沉积层厚达2000米以上，蕴藏着丰富的海底石油，特别是我国台湾省钓鱼岛一带，尤为丰富。

南海：南海海域辽阔，地质构造复杂，海底地形多样。南海的北部、西南部和南部沿岸为大陆架，中部为大陆坡和深海盆地，东部多岛屿，并有地沟和海槽，较浅的海域有珊瑚礁。南海是热带深海，海水表层水温高，年温差小，盐度最大，潮差2米。南海地处太平洋和印度洋、亚洲大陆和澳大利亚大陆之间的航运要冲，是世界海运繁忙的海域之一。

第二章 走近海洋

◉ ◉ ◉ ◉ ◉ ◉ ◉

中国是一个海洋国家，也是一个大陆国家。但是，尽管中国是一个海洋大国，却不是一个海洋强国。

中国位于世界最大的大陆欧亚大陆的东南部，世界最大的大洋太平洋的西岸，海陆兼备，疆域辽阔。中国濒临的海区在地理上纵贯温带、亚热带和热带，除最北的一小部分海域在严冬有短暂的冰期外，终年不冻，四季可通航，这为发展海上运输、海洋渔业和对外贸易提供了有利条件。

中国的大陆海岸线像一条彩带，曲折绵延，它北起中朝毗邻的鸭绿江口，南抵中越交界北仑河口。海岸线上大大小小的港口、湾澳星罗棋布。众多的海港，宛如一座座海上宫殿，耸立在万里海疆，哪一座不是衔山吞海，锁湾拒浪！哪一座不是吊塔如林，万臂擎天！

远航的军舰

它们是从事海洋经济活动的中心，是与世界各民族交往的门户，是保卫祖国安全的海军基地。

中国是世界上岛屿众多的国家之一。岛屿总面积约8万平方千米。它们与大海山环水抱，叠翠拥绿，像颗颗翡翠撒向万里海疆。众多的岛屿隔水依岸，如屏似障，地理位置重要，构成了护卫祖国大陆的一座“海上长城”，在国防上具有重要的战略地位。

我国是世界上最早开发利用海洋的国家之一。勤劳勇敢的中国人民曾同海洋进行过坚韧不拔的斗争，发展了渔盐业生产，开辟了海上交通，为开发海洋资源和促进与世界各国的经济文化交流做出了卓越的贡献。

我国的海洋资源十分丰富。从鱼虾贝藻等千姿百态的生物资源到食盐、镁、溴等种类繁多的化学资源，从石油、锰结核等海底矿产资源到潮能、波能等动力资源，真是应有尽有，海洋几乎成了神话故事里的“聚宝盆”。我国沿海有宽广的大陆架，浅海渔场的面积居世界首位。我国共有海洋渔业资源种类1500多种，近几年来，海水产品总量年平均达350万吨，居于世界前列，使我国成为主要海洋渔业供应国之一。近期的调查资料表明，我国沿海有厚达数千米的地层沉积，在未来，能够发展出良好的油气资源。我国自行设计制造的海上石油钻探装置和采油平台陆续建成投产，它标志着我国海洋石油工业的发展已进入了一个新阶段。此外，在滨岸海底，还有煤、钨、铜以及钛铁矿、金红石、锆英石、铬铁矿、石英砂等许多有用的矿物资源。新中国成立后，我国的盐场面积不断扩大，生产技术的机械化、现代化程度显著提高，实现了一年四季连续生产，使我国的海盐产量跃居世界第一位。

我国海域资源丰富，是食品、能源、水资源、原材料和生产、生活空间的战略性开发基地。

我国已经鉴定的海洋生物种类有2万多种，海产鱼类1500种以上，产量较多的达200种。渔场面积281万平方千米。大陆架石油资源量150亿～200亿吨，天然气资源量14万亿立方米，沿海吞吐量达到万

辽阔的海洋

吨以上的港口218个，有1500多处旅游景点，海上“无烟工业”——海洋旅游娱乐业前景广阔。

我国15米等深线以内的浅海、滩涂面积约133300平方千米。利用浅海、滩涂发展养殖业，建设海洋牧场，可以形成具有战略意义的食品资源基地。

据科学测算，一千克海产品的蛋白质相当于一千克粮食的1.7倍。

在陆地资源日渐枯竭的今天，海洋正成为中华民族繁衍发展的生命线。

濒临我国大陆的海区辽阔浩瀚，自北而南的渤海、黄海、东海和南海，均属于太平洋西部的边缘海，习惯上，我们将其简称为中国海区或中国近海。

中国海区彼此相连，形成一个向东南凸出的弧形水域，环列在祖国陆岸的东部和南部。

中国海区东西横越经度约32°，南北纵跨纬度37°，南北距离达4000多千米，总面积为480万平方千米，跨越了温带、亚热带和热带三个气候带，自然条件复杂，南北差异很大。

中国海区的海底地形大致可分为两部分。将海南岛南面经台湾省至日本的五岛列岛连成一条弧线，弧线的西北部分，属于较平缓的大陆架区，它在地形上和地质构造上实际是大陆的延续部分；弧线的东南则是海底地形复杂的陆坡、海槽或海盆区。

季风，是中国海区气候的主要特征。冬季盛偏北风，夏季盛偏南风。侵袭中国海区的台风，大部分发生在西太平洋洋区，少部分发生在南海。登陆时间主要在5月～10月，尤其以7月～9月为最多，称“台风季”。海雾一般发生在北纬20°以北的海区。

中国海区的水文状况，一方面受季风气候的影响，另一方面与江河入海带来的淡水及邻近大洋的水文条件关系很大。渤海、黄海、东海、西部浅水区有黄河、长江等大量淡水注入，形成低盐水区；东部受太平洋暖流的控制，具有高温高盐的特征。南海的水文状况随季风的转变而有明显变化。

海中航行的帆船

第三章　中国的海疆

我们伟大的社会主义祖国有着美丽、富饶、辽阔的万里海疆。

浩瀚无际的大海是生命的摇篮，风雨的故乡，资源的宝库，同时，也是人类探索自然奥秘的场所。

风和日丽的日子，当你第一次来到海边，一定会被那美丽的景色所吸引：湛蓝的天空下，碧波万顷，一排排细浪涌上岸边，五彩缤纷的舢板，秀丽的山川，细软的沙滩，这一切一定会让你流连忘返。

水下的景色更是迷人：绿茵茵的海藻铺展成海底草原，那金黄、浅红、淡蓝色的海星夹杂其间，恰似草原上盛开的鲜花；悠然游动着的白色、黑色、银灰色小鱼，宛若花枝招展的蝴蝶在花丛中翩翩起舞；海水表层，一排排银针鱼像战鹰编队飞掠，一个个水母撑开白色的小伞，悠悠漫步；海底礁石上，爬满了硕大的鲍鱼、海参、贻贝……

啊！美丽的“水晶宫”！恬静的“水晶宫”！富饶的“水晶宫”！如果你有机会见识到上述景致，你肯定会情不自禁地朗诵上一段赞美大海的诗歌：“大海，你是生命的摇篮，是万物的母亲。你是那样浩瀚，那般深情，千万年来哺育了我们的祖先、父辈和我们这一代，还将哺育我们的子孙后代。人类生存不能没有大海，没有海洋就没有人类，没有海洋就没有地球上的一切。”

丰富的海洋鱼类

是的，海洋不仅仅给予了人类“渔盐之利”“舟楫之便”，海洋与人类还有着源远流长、密切奇妙的关系。海洋是孕育生命的母亲！在漫长的生物演变进化中，从藻类和菌类进化到水生无脊椎动物；从无脊椎动物进化到脊椎动物……从海洋扩展到河口、江河和湖泊，从水中扩展到陆地和空中，最后，人类终于诞生了，直至现今，地球上生存着50多亿人口、100多万种动物、30多万种植物和10多万种微生物。从赤道到两极，从高空到深海，差不多都有生命的活动。

海龟

在山东微山县西城山的汉墓群中，曾出土一块东汉画像石，画面是鱼、猿、人三者并列。这与我们平时所说的“从鱼到猿”“从猿到人”的进化过程竟如此吻合。这块神奇的画像石，用形象化的语言告诉我们：人猿同祖，猿类祖先是生活在原始海洋里的古鱼类！我们离不开海洋。海洋为我们造就了适于生存的地球系统，冷暖适宜、干湿相应的气候条件和环境。海洋是地球上最庞大的水源，以其占地球97%的水量和巨大的热容量，通过大气与海洋的相互作用，在一定条件下，凝结成云雾，形成降水，进而出现了河川、喷泉、地下水。然后，这些降水又通过各种途径重回海洋，并始终保持一定的空气湿度，控制着气候状态，影响着气候的变化。海洋既是地球上水循环的发源地，又是地球上水循环的归宿。它是云雾雨雪的真正“故乡”。海洋为我们的生存和发展提供了不可或缺的条件。

在辽阔的中国近海海域内，星罗棋布地分布着大大小小6500多个风光绮丽、物产丰富的岛屿。我国海上岛屿岸线长1.4万多千米，岛屿总面积为8万多平方千米。

海是美丽的，它丰富的自然资源更是令你赞叹不已。

从北到南，我国的港口像璀璨的明珠均匀地分布在漫长的海岸线上。港口成为连接世界各国经济活动的纽带。像上海港已成为吞吐量上亿吨的海港，天津港是世界上最大的人工港，北仑港已成为天然的东方大港。

我国有可供海水养殖的浅海滩涂133.4亿平方米，已开展养殖的有16亿平方米。海带、紫菜、珍珠、海蛎、鲍鱼、海参等均可养殖。随着我国海水增养殖产业的大力发展，“沧海”正在逐渐变成“桑田”。

茫茫的大海，渔帆点点，一只只渔船日夜奋战在波涛之中。我国海洋鱼类种类繁多，共有1500多种，经济鱼类200多种，高产鱼类80多种，鱼类最大可捕量每年约为500万吨。大海给人们提供着丰饶的海产品，是人类海产资源的宝库。

在我国260万平方千米的浅海中，蕴藏着丰富的矿产资源，仅海水中，就有数亿吨矿物，如果将这些矿物提取出来铺在我国陆地上，可使陆地厚度增加若干米。我国的海洋调查船还从南海深部海底打捞出锰结核，这是一种经济价值很高的矿石，有人称其为“深海奇珍”。海水中的波浪、海流、潮汐、水的温度差、盐度差都属于“可再生能源”。在能源紧张的今天，海洋能源的利用有着广阔的前景。

我国海底石油的储藏量引人注目。在渤海、南黄海、东海、台湾浅滩、珠江口、莺歌海和北部湾，都发现了具有较高工业价值的油气储藏。近海含油气沉积盆地面积86万平方千米，油气资源总量320亿吨～360亿吨（石油240亿吨、天然气14万亿立方米）。丰富的油气资源为我们祖国的经济腾飞及总产值的翻番提供了有利的条件。

人类为了在地球上生息繁衍，开始砍伐森林，开垦草原，修筑堤坝，兴建城市，通过劳动改变了原始的洪荒，建立了当代的文明。然而，“福兮祸所伏”，面对今天人口超载、环境污染、资源短缺等接踵而来的一系列挑战，人类继续生存和发展的出路就是重返海洋，使用现代科学技术手段，调查研究海洋，开发利用和保护海洋，发展海洋产业，从大海中索取更多的海洋资源。

我们中华民族在开发利用海

潜入海底

洋方面曾有过辉煌的历史成就。早在公元前2200年以前，我国劳动人民就开始“煮海为盐”了。西汉文献记载，当时塘沽、汉沽一带的人们在海滩上开挖盐田，涨潮时海水灌入盐田，蓄住海水后，利用太阳光蒸发水分得到白花花的食盐。后来，人们懂得了利用潮水涨落所形成的水位升降来搬运木料、磨面、垒石造桥和使大船进出港口。在我国山东蓬莱市“小海”，就出土了古代利用潮汐推动的潮汐磨。秦汉三国时期，我国航海事业有了较大的发展。三国时的孙权拥有很大的船队，北航至辽东，南航至广东，并达到台湾。直到15世纪初，郑和远航到达非洲的时候，我国在海洋开发利用方面仍处于世界领先地位。这一阶段的海洋开发活动主要限于海洋运输、海水制盐和海洋捕鱼等。这些古老的开发活动被称为“传统的海洋开发”。

不幸的是，自明代中期实行所谓“寸板不许下海”的海禁制度以后，我国走向海洋的势头遭到遏制。

新中国成立以来，特别是改革开放以来，从渤海之滨，到南海诸岛，到处都响起向海洋进军的号角。沿海人民在开发利用海洋方面做出了不懈努力。他们用涨落的潮汐发电，让大洋里的“河流”——海流推动航船前进；他们把苦咸的海水变淡，并从海水中晒制食盐提取各种元素；他们在广阔的海滩上修堤筑坝，围垦海上万顷良田；他们从深邃的海底开采石油和天然气；他们在湛蓝的海水里种植海带、紫菜，养殖珍珠、海马，还在那茫茫的大海撒下银网捕捞出千万吨鱼虾……

广袤无垠的大海蕴藏着“取之不尽，用之不竭”的丰富资源，它等着我们去开发，去建设。热爱科学的青少年们，海洋有着无穷的魅力，为海洋科学事业而献身吧，辽阔而富有的海洋将会给我们以无比丰厚的回报！

深邃的海洋，充满了无限的诱惑力。当科学还到达不了海底的时候，人类便张开想象的翅膀，构思了一个个美好的神话。人们想象着海洋深处有座金碧辉煌、玲珑剔透的“水晶宫”，这里，宫殿雕梁画栋，长廊曲径通幽，花园奇葩争艳，宝库珠宝泛光，街道当中有根神奇的定海针……“水晶宫”里的头儿是东海龙王，他手下有龟臣蟹将、虾兵龙女、蚌娥鳖婆。

当你进行一次海底之旅，发现海底世界并没有什么“水晶宫”时，你并没有什么失落感，相反，你将会发现许多新奇的事物。在海水覆盖的海底，有宽阔平坦的大陆架、倾斜的大陆坡，还有广漠的深海平原，有高耸起伏的山峦，绵长崎岖的丘陵，还有深邃的海沟和壮观的峡谷。海底就像陆地一样，地貌类型丰富多彩，充满生机。

从近岸的海底到大洋深处，科学家们一般将海底地貌分为大陆架、大陆坡和大洋底三大部分。大陆架是陆地向海洋延伸并被海水覆盖的部分，水深不超过两米，属于浅海的海底。它围绕着大陆，各处宽度不等，有的只有几千米，有的可达1000千米以上。大陆架的海底坡度变化不大，比较平缓。大陆架以下是较陡的斜坡，急转直下深达两三千米，这就是大陆坡，它是大陆架向海洋底部的过渡地带。从大陆坡的边缘向外延伸，海底又变得平缓了，直到水深6000米的地方，这便是海洋的主体，叫作“大洋底”，有的叫作“大洋盆”或“大洋床”，它占海洋总面积的80%左右。

中国海的海底地形和大陆一样，也是西面高东面低，成为由西北向东南倾斜的形态。从鸭绿江口到台湾一带，海底倾斜度不大，而形成平坦的缓坡。从台湾再向东，海底地形变得深陷陡峭，深达几千米，逐渐过渡到世界第一大洋的太平洋底。太平洋底有海底最壮观的地貌单元——海沟，它是大洋底下两壁陡峭、比相邻海底深2000米以上的狭长凹陷。还有成片出现的深海丘陵，也可以叫作“海丘”，它一般高出周围洋底数米至数百米，多呈圆形或椭圆形。当然，太平洋底主要是广阔的深海盆地。

第四章　渤海

渤海，古名“沧海”，位于中国海区的最北部，它几乎是一个封闭的海区，北、西、南三面环陆，位处辽宁、河北、山东、天津三省一市间。东面与黄海紧相毗连，它们之间的分界线在哪里呢？我们可以从辽东半岛最南端的老铁山头到山东半岛最北端的蓬莱头，做一条连线，这就是黄、渤海的分界线。渤海海区南北长约555千米，东西宽约296千米，面积9万多平方千米，是中国海区中最小的一个海，却是我国最大的内海。渤海位居我国首都北京和重要经济区天津的前方，黄海的后方，战时既可护卫京津、华北，又可支援黄海战区，有

晨曦中的渤海

着非常重要的军事地位。渤海的边缘有几个著名的海湾。北部是辽东湾，西部是渤海湾，南部是莱州湾，合称为“渤海三大湾”。其中，渤海湾是紧靠天津附近的一片水域，有海河注入。有人常把渤海称为“渤海湾”，其实，渤海湾只不过是属于渤海西侧的一小部分水域而已。

在渤海和黄海碧波相连的地方，老铁山和蓬莱头南北对峙，中央有点点岛屿纵列，海面上烟波浩渺，山海雄伟，风光如画，这就是著名的渤海海峡。海峡宽约105千米，是出入渤海的唯一通道，向来是北方的“水路要津”，有“京津咽喉”之称。

渤海海峡中央有庙岛列岛呈纵向排列，将海面分割成十余条水道，其中，以老铁山、长山、登州三条水道最为重要。老铁山水道的宽度占整个海峡的2/5，水深50米左右，无障碍物，是渤海海峡中最宽、最深的水道。

旧中国的渤海海峡成了帝国主义入侵京津的“方便之门”。如鸦片战争、八国联军侵华战争以及1937年日军侵占华北等，都是先通过渤海海峡，尔后在塘沽附近登陆。因此，在反侵略战争中，封锁渤海海峡，扼守这一海上咽喉，具有重要的战略意义。

渤海风光

渤海的海岸线总长约2300千米，海岸的性质除辽东半岛有部分岩岸以外，其余大都是低平的泥沙岸，陆上地形平坦。仅在辽西走廊一带有燕山余脉延展海边，出现局部岩岸，由此形成了秦皇岛、葫芦岛两个优良的港湾。

渤海是一个浅海，平均水深只有26米，最深的地方在海区的东侧边缘——渤海海峡附近，但也只有80多米。测量结果表明，渤海还在逐年变浅。渤海变浅的重要原因是由于有黄河、海河、辽河等河流入注，带来了数量可观的泥沙。仅黄河每年输入渤海的泥沙量就超过10亿吨，这个数字仅次于印度的恒河，居世界第二位。目前，黄河口附近的水深只有0.5米左右。

渤海冬季水温较低，2月份平均水温为0℃左右。倘若寒潮连续袭来，海面就会封冻结冰。渤海海区以北部的辽东湾冰期最长，冰情最重，岸冰厚度可达1米。1969年2月，是60年间渤海冰情最严重的一次。海区2/3的面积被海冰覆盖，持续时间达一月之久，使万吨巨轮的航行受阻。

渤海自古以来就有舟楫之利，是北方各地重要的对外通道。例如，在唐代，河北的卢龙、山东的登州，都是当时的重要贸易港口。元、明、清时期，诸王朝建都燕京，渤海成为京都的门户，海运相当发达。新中国成立后，建筑了天津新港，扩建了秦皇岛港、营口港和龙口港等，中外船舶往来如梭，海上交通和对外贸易非常繁盛。

渤海的水产资源丰富，是我国主要海洋鱼类的产卵场，水产品以对虾最为有名，是世界市场上极受欢迎的高级海味。毛虾、小黄鱼、绘鱼也有很大的数量。海区西岸是海盐的重要产地。从山海关至黄骅市，长约370千米的沿岸，盛产“长芦盐”，是我国最大的海盐产区。

第五章 黄 海

黄海，是一个半封闭的海区，它东依朝鲜半岛，北靠辽东半岛，西接渤海和山东、江苏海岸，南与滔滔东海相连。从长江口的北岸到韩国济州岛的西南端引一条连线，即为黄海与东海的分界线。黄海南北长约869.5千米，东西宽约555千米，面积为40万平方千米。由于山东半岛深入黄海，习惯上常常从山东半岛东北端的成山头到朝鲜半岛西端作一条连线，将黄海划分为两部分，即北黄海和南黄海。

黄海也是一个浅水海区。海底地势平坦，略向东南倾斜。平均深度44米，最深点在济州岛以北，也只有140多米。同渤海相比，其面积虽然只是渤海的4倍，但容积却足够装下10个渤海的海水，可见，黄海比渤海要深得多。

关于黄海的名称，有的地理书籍是这样解释的：黄河的水非常浑浊，夹带大量泥沙流到海里，把海水染黄了，黄海因此得名。这种说法不完全对。在历史上，有将近700年的时间，黄河是从江苏北部流入黄海的，它夹带着黄土高原的大量泥沙，使黄海中的泥沙含量加大，水中悬浮物质增多，把近岸的海水染成了黄色。然而，黄海的海水成为黄色，绝不全是黄河的“功劳”。现在，注入黄海的河流，有淮河下游的苏北灌溉总渠、淮沭新河、新沂河、新淮河等。长江虽然是注入东海的，但在它的入海口南侧海底，有一条海岭微微隆起，使大量泥沙留给了黄海。可见，正是由于我国著名的三条大河都给黄海提供了泥沙，才使黄海成了世界上泥沙含量很高的海区之一。

应该提出，黄海的海水颜色只

海浪击打海岸

是在近岸处才是浅黄色或黄绿色，而大部分水域还是绿色和蓝色的。

黄海的水温除了受太阳辐射外，与海流系统也有密切的关系。其基本特点是夏季高，冬季低；南部高，北部低。夏季，黄海水温大都在24℃～27℃之间。冬季，南部为6℃～10℃；北部为0℃～6℃，在海水较淡的鸭绿江口附近常常出现封冻结冰现象，它的宽度可达四五十千米。在冬季，黄海中部有一股对马暖流的支流通过。对马暖流自东海北上，主流折向对马海峡涌进日本海；支流继续向北，称“黄海暖流”，它绕过山东半岛，经辽东半岛南侧向西转向渤海。黄海暖流给黄海带来了温暖的水团，增高了黄海北部的水温，使大连、旅顺、威海成为北方著名的不冻良港。

黄海的海水比渤海咸，盐度平均为3.2%，冬季高，春季低。

黄海除与渤海、东海相连外，还可以经过济州岛北侧的济州海峡向东北方通过朝鲜海峡与日本海联系。朝鲜海峡位于日本九州岛与朝鲜半岛之间，素有日本海“南大门”之称。中央有对马岛横列，分成两条水道，东水道叫“对马海峡”，西水道叫“釜山海峡”，都是出入日本海的交通要道。我国大连、青岛的远洋货轮，常常从这里驶过，到日本各贸易港口或北上穿过北海道和本州之间的津轻海峡去加拿大、美国。

黄海海域并不十分宽阔，但我国海军水面舰艇及航空兵可在大部分水域执行战斗任务。根据黄海水深及水文特点，也适宜潜艇活动及使用各种水中武器。因此，在反侵略战争中，它必将成为重要的海战区，并对支援东海海区作战有重要作用。

第六章 东海

东海的名称同它的地理位置密切相关，因为它恰好位于我国大陆的东方，人们就一直沿袭叫它“东海”。

东海西靠上海、浙江、福建，北与黄海毗连，东及东南面被九州岛、台湾岛环绕，它们像一条长长的彩带，把东海与太平洋隔开，西南面以福建、广东两省的交界处到台湾岛南端一线与南海为界。

东海的形状很像一把折扇，扇面向太平洋散开。从东北到西南长约1480千米，东西最宽处740千米，面积为80万平方千米，相当于渤海的9倍，黄海的2倍，为我国濒临的第二大边缘海。东海西侧属于我国的大陆海岸线长约4800千米。在喇叭形的杭州湾以北是长江三角洲，地势低平，海拔几乎都在50米以下，海岸是松软平缓的泥沙岸，有的岸段筑有石质海堤，用来阻挡汹涌潮水的冲击。杭州湾以南属闽浙丘陵地带，海拔大部分位于200米～500米之间，海岸多为陡峻的岩岸，岸线曲折，岬湾相间，岸外岛屿密布，形成了许多隐蔽的天然良港。

东海也属于浅海，大部分水深在50米～200米之间。它的海底地

辽阔的东海海域

形比较平坦，微向东南倾斜，是世界上大陆架最宽的海区之一。它东部边缘靠近琉球群岛的地方，海底坡度骤然增加，形成一条很长的带状深水区，被称作“东海海槽”，平均水深约1000米，南部最深的地方可达2700多米，蓝蓝的海水十分清澈。

东海受太平洋影响较大，特别是著名的黑潮暖流流经东海东部，致使东海的水文性质与渤海、黄海相比，具有水温高、盐度大等特点。海区年平均水温为19.7℃，夏季都在27℃～28℃，南北相差极微。冬季为10℃～22℃，南部水温较高于北部；海区的平均盐度为3.3%，且具有冬季比夏季高，东部比西部高的特征。

东海有许多对外联系的水道和海峡。东北方有朝鲜海峡通往日本海。东部则有20多条水道与太平洋沟通，著名的有大隅海峡、宫古海峡、台东海峡等。大隅海峡是西太平洋重要的国际水道，位于日本九州岛南侧，宽约15海里，水深一般在百米以上，无障碍物，适宜各种舰艇和船舶通航。海峡两侧岬角伸突，岛屿密布，其中有个小岛名叫“硫黄岛”，是座活火山，因硫黄气体不断喷发，山腰间终日白烟缭绕，是良好的航海目标。东海南部有台湾海峡与南海相通。台湾海峡位于我国台湾岛和福建省之间，长约370千米，南部宽，北部窄，最窄的地方只有129千米；水深一般在20米～80米之间，南部有个巨大的浅滩，最浅处还不到9米。台湾海峡不仅是台湾、福建两省往来的捷径，也是我国南北航运的要道，而且也是太平洋西部海上交通的重要走廊。

东海地理位置略居中国海区的中部，在经济上是联系南北海上交通的中枢；在军事上，其侧后有我国重要的政治经济区——沪杭宁地区，战时可策应黄海、南海，屏障华东安全，向东则可穿越琉球群岛诸水道出太平洋，在海防上具有重要的军事意义。

第七章 南海

南海，位于祖国大陆的南方，又处在中国海区的最南部，故人们习惯叫它“南海”。南海北依我国广东、广西，东邻菲律宾，西濒中南半岛和马来半岛，南由马来西亚和印度尼西亚的许多岛屿包围。海区南北跨26个纬度，长约2963千米，东西跨22个经度，宽约1667千米，总面积达360万平方千米，几乎是渤海、黄海、东海面积总和的3倍。辽阔的南海是中国最大的海区，也是太平洋较大的边缘海。

南海的海上交通十分繁忙，是东南亚各国海上贸易的必经之地，也是太平洋、印度洋水路交通的重要枢纽。南海有众多的海峡、水道与周围的海区互相沟通。东北部经巴士海峡、巴林塘海峡通向太平洋；南部有马六甲海峡与印度洋连接。马六甲海峡是举世闻名的海运通道，从西北到东南长1111千米，这个长度居世界各海峡中的第二位（世界最长的海峡是非洲东南的莫桑比克海峡，长1296千米），海峡导航系统良好，来往的远洋巨轮络绎不绝，是西太平洋各国联系非洲、欧洲的海上捷径。

海区的北岸是我国广东、广西两省（区），海岸线长4100多千米，沿岸大部分是200米～500米的丘陵地，除江河口及湾澳内的局部平原有沙岸外，大部分是岩岸，岸线曲折呈锯齿状，形成许多优良的

从空中远眺南海

港湾。

我国位于南海的大小岛屿总共有1800多个，其中，以海南岛的面积最大，珠江口是岛屿分布最集中的海区，著名的有“万山群岛”。在一望无垠的南海海面，还有东沙、西沙、中沙和南沙群岛，它们都属于珊瑚岛，是祖国神圣领土不可分割的一部分。

南海是中国海区中最深的海域，它是一个比较完整的深海盆地，四周被大陆、半岛和岛屿包围。平均水深约1200米，中部最深，可达5500多米。南海的海底地貌类型多种多样。譬如，四周有不太宽的大陆架，在我国广东沿海的大陆架宽148千米～277千米，平均水深只有55米。南海的中央盆地轮廓呈菱形，中部有一群凸起的海底丘陵，它们是由海底火山喷发形成的。

南海的大部分水域是在低纬度区，南部跨越赤道，所以，它属于热带海域。夏季到过南海的人都知道这里骄阳似火，暑气蒸腾，忽而闷雷轰鸣，阵雨如注，忽而雨止转晴，空气格外清新，一派典型的热带天气。南海的年平均水温为23.3℃。北部海域冬季在20℃～25℃之间，夏季则增高到28℃，南部和中部全年保持在28℃左右，冬夏之间的变化极小。

我国广东、广西沿海的潮汐，主要是由太平洋潮波传入而引起的。跟渤海、黄海、东海相比较，这里的潮差较小，日潮不等现象显著。例如，北部湾在一昼夜里，只有一次高潮和一次低潮，是世界上最典型、最令人感兴趣的全日潮区。

南海水产种类繁多，是我国的热带海洋渔场。仅鱼类资源就有850种，重要的经济鱼类有沙丁鱼、小公鱼、红笛鲷等，南海海底资源十分丰富，石油、天然气及其他矿物的蕴藏量非常可观，有重要的经济价值。

南海晚景

第八章　海洋生物

◉ ◉ ◉　◉ ◉ ◉ ◉

一、墨鱼

人们对墨鱼一定不陌生，上菜市场买菜时总会看到它，甚至还会把它买回家烹饪后吃掉。墨鱼还有一个名字，叫“乌贼”。不论哪个名字，这种动物总是和黑墨联系在一起，浑身黑乎乎的。

墨鱼，是鱼吗？它叫鱼却不是鱼，属于贝类，只是像鱼儿一样生活在海洋里，人们就阴差阳错地这样称呼它了。从它的外形看，它的“手脚”长在头顶，不像其他动物长在腹部，因而把它归为“头足类”。

喷射墨汁是墨鱼的江湖绝技，更是它逃命的绝招。当它遇到强大的敌人时，它就会从喷枪中喷射出墨汁，在自己的周围布设墨汁烟幕。有趣的是，墨鱼布设的黑色烟幕其形状轮廓和自己的体型极为相似。黑色烟幕的突然出现，给敌人留下的印象是，“怎么突然之间变大啦！”海水被搅成一团漆黑，烟幕可保持十多分钟。现代军队中使用的烟幕弹，估计是武器研究专家从墨鱼那儿找来的灵感！墨汁还含有毒素，可麻痹敌人。不论是多么勇猛的敌害见此状况，也会被弄得莫名其妙，晕头转向。此时，墨鱼正好可乘机逃离危险。你别说，墨鱼的这一逃命绝招的确非常之灵，躲过了许多天敌的危害。

墨鱼不总是在浅水中活动，也时常溜溜达达到数百米或上千米的深海转一圈。在深海，阳光照射不到，伸手不见五指；本来就是一片漆黑，再喷黑色墨汁就没什么用处了。令人称奇的是，墨鱼在深海会随机调整身体的机能，喷撒出来的不再是黑墨汁，而是会发光的细菌。这种细菌一接触海水，马上形成晶莹发光的烟雾，好像照明弹似的使来犯者眼花缭乱。墨鱼便抓住敌人短暂愣怔的时机，逃之夭夭。

海洋中的头足类的生命史是十分久远的。科学家研究发现，墨鱼原先是有外壳的，属于鹦鹉螺类。早在几亿年前的古生代，鱼类还没有问世的时候，数量众多的鹦鹉螺和水母、海绵是海洋的原始主人。经过数亿年的演化，鹦鹉螺逐渐进化，外壳变成了内壳，又变成了内鞘，成了现今的墨鱼等。所以，海洋中的头足类，是个生命史极为悠久的家族。

二、章鱼

章鱼是海洋中长得非常独特的软体动物，它有八只像带子一样长长的脚，弯弯曲曲地漂浮在水中，因此渔民们也叫它“八带鱼”。和人们熟悉的墨鱼一样，章鱼也不属于鱼类。

章鱼是海洋中的壮汉，力大无比，且生性残忍好斗，不少海洋里的小动物见到它都会远远地躲开。章鱼之所以能在大海里横行霸道，与它有着特殊的自卫和进攻的“法宝”是分不开的。

首先，章鱼有八条感觉灵敏的触腕，每条触腕上约有300多个吸盘，每个吸盘的拉力为100克。这么多吸盘加起来的吸力是非常大的，一旦有东西被它的触腕捉住，再脱身就非常困难了。有趣的是，章鱼的触腕就像人的手臂，可以任意抓取东西，有着高度的灵敏性。当章鱼休息的时候，它会让一二条触腕保持警戒，不停地向着四周挥来舞去，一旦触到什么可怕的东西，它就会立刻跳起来，准备御敌或者撤退，甚至把浓黑的墨汁喷射出来袭击对方。章鱼喷墨汁的本领很强大，可以连续喷六次，只要休息半小时，就又能积蓄很多墨汁。但是，章鱼的墨汁对人不起毒害作用。

其次，章鱼具有强大的变色能力，它可以随时变换自己皮肤的颜色，使之和周围的环境协调一致。陆地上有变色龙等动物，它们可以根据环境改变颜色，从而逃脱天敌的攻击，章鱼的变色本领不次于它们。美国的一位科学家曾把一条章鱼放在报纸上解剖，死后的章鱼身上竟然出现了黑色字行和白色空行的黑白条纹，可见即使它受伤或者死了，仍然还能变色。

有人问：章鱼怎么会有这种魔术般的变色本领呢？这是因为它的皮肤下面隐藏着许多色素细胞，里面装有不同颜色的液体。在每个色素细胞里还有几个扩张器，可以使色素细胞扩大或缩小。章鱼在恐慌、激动、兴奋等情绪变化时，皮肤会应激性地呈现不同的颜色。有人将章鱼一侧的眼睛和脑髓破坏，惊奇地发现，章鱼的这一侧就失去了变色的本领，而另一侧仍可以变色，由此可见，控制章鱼体色变换的指挥系统是它的眼睛和脑髓。

再有，就是章鱼的再生能力很强。人们都知道壁虎，遇到危险时会自己断掉尾巴，然后趁机逃走，这叫“丢车保帅”。章鱼也具有这样的能耐，每当遇到强敌、它的触腕被对方牢牢地抓住时，它就会自动抛掉触腕，让断触腕的蠕动来迷惑敌害，然后迅速溜走。断腕对章鱼来说只是微不足道的小伤，几乎不会流血，伤口往往在第二天就会长好，不久又会长出新的触腕。

最后一点，章鱼有顽强的生命力。海洋中的许多鱼类是不能离开水的，否则马上就会死掉。而章鱼在没有水的情况下，也能坚持活下来。章鱼的身体是个空腔，好像一个暖水袋一样，里面能存好多水，因此它离开了海水也照样能活上几天。有人目睹了这么一件好笑的事：一位学者把章鱼放在篮子里，提着它上了电车，过了十来分钟，坐在电车后面的一位绅士发出了歇斯底里的怪叫，原来篮子里的章鱼不知什么时候，从半寸大小的篮眼钻出去爬到了那位绅士的大腿上了。

海洋里没有房子住，可章鱼偏偏喜欢住房子，怎么办呢？它就钻进动物的空壳里居住。当章鱼遇到了牡蛎后，它就像猎人捕猎似的，

章鱼

在一旁耐心地等待，在牡蛎开口的一刹那，章鱼就赶快把触腕攫住的小石头扔进去，使牡蛎的两扇贝壳无法关上。接下来，章鱼会把牡蛎的肉吃掉，霸占了它的壳，在里面安家。就这一点，足以说明章鱼是高智商动物。其实章鱼的智能远不止于此，它还会利用触腕巧妙地移动石头、贝壳、解甲等东西，将它们堆成火山喷口似的巢窝，以便隐藏其中，躲避强敌的进攻。更有意思的是，它还会把石头作为"盾牌"在自己面前舞来舞去，一有风吹草动，就把石盾推向敌害来袭的一侧，同时利用漏斗向敌害喷射墨汁。当它要退却时，又会用这石盾断后。

强占别人的"家"来住，毕竟不舒服，所以章鱼有时候也会自力更生，自己建房。它是个出色的"建筑家"，总是在半夜三更时分就忙起来，八只触手一刻不停地搜集各种石块，有时章鱼可以运走比自己重5倍、10倍，甚至20倍的大石头。很多时候，章鱼选中了比较好的栖息地，就会一座挨一座地建房。这些由石头筑成的"章鱼之家"鳞次栉比，颇为壮观，宛如人类的别墅群，因此人们称之为"章鱼城"。

每当繁殖季节到来，雌章鱼就会忙着产卵，卵是一串串的，晶莹饱满像葡萄。产卵后，雌章鱼会寸步不离地守护着自己心爱的宝贝，并且经常用触手爱抚它们，从漏斗中喷出水挨个冲洗。就是小章鱼从卵壳里孵化出来，它也担心自己心爱的孩子被其他海洋动物欺侮，仍然不肯离去，以致最后变得十分憔悴，也有的因劳累过度而死去。由此可见，章鱼真是位了不起的称职母亲。

三、鱿鱼

说起鱿鱼，广东人似乎最为熟悉了，"炒鱿鱼"一词就是从他们那儿传出来的，如今已经成了社会流行用语，用来比喻被公司解聘、开除。因为做鱿鱼菜时，鱿鱼经旺火一炒即刻会打卷，就像人们卷铺盖离开一般，非常形象。

鱿鱼不属于鱼类，属头足类，贝类的一种，跟墨鱼的血缘关系很近，因此不论从外形上，还是从身体的内部结构上看，都很像墨鱼。墨鱼是浙江的特产，而鱿鱼则是广东的特产。每年春夏季到来，鱿鱼就会随着台湾暖流来到福建、广东沿海浅水处，寻找砂质底的地方产卵，形成了鱿鱼汛期。

鱿鱼的外形是圆筒型，尾部左右各有一片对称的菱形鳍，当头部和长在头部上方的腕足收拢在一起时，活像一个火箭筒。这种外形对鱿鱼是非常有利的，使它追逐猎物或见到敌害而逃逸时，常常跃出水面像火箭一样飞过，所以沿海渔民常称鱿鱼为“火箭筒”。与其说鱿鱼像火箭，不如说火箭像鱿鱼更恰当一些。因为鱿鱼与墨鱼一样，也是古老的海洋动物，到如今已有上万年的历史，而火箭筒的出现在后。

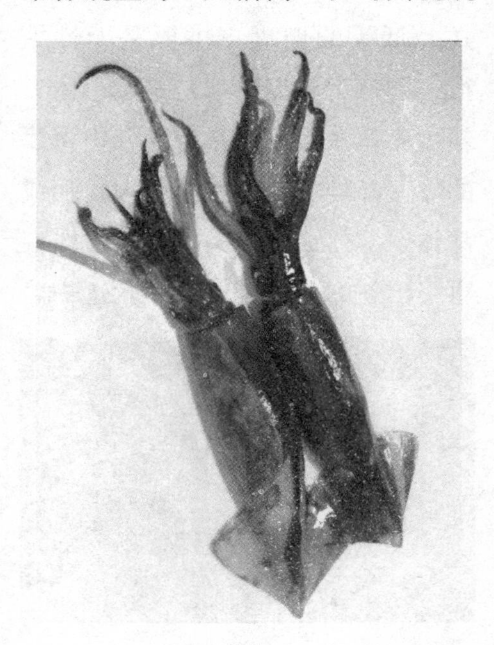
鱿鱼

鱿鱼看似很柔弱，其实是个游泳健将。它的游速可达40千米/小时，快速时可高达55千米，是普通客轮航速的2～3倍。人的游泳速度更是没法跟它比。鱿鱼为什么游得这么快呢？剖开它的身体，便可知道其中的秘密。在鱿鱼的颈部附近，从腹面可以看到一条窄缝通向腹腔，叫作套膜孔，套膜孔通向体外有一个类似炮筒的管子，叫作漏斗。腹腔、套膜孔和漏斗组成一套绝妙的推进系统，鱿鱼游动时，通过腹腔挤压，水由漏斗喷出，从而产生强大的反作用力，继而推动身体迅速前进，其功能类似于现代火箭的工作原理。当它竭力追逐鱼群时，常常兴奋地跃出水面，有时能跃出水面四五米高。这实在太高了，高到有时鱿鱼自己会掉落到正在航行的船只的甲板上。

鱿鱼没有牙齿，尽管这样，但它却是吃荤不吃素，以鱼、蟹为食。它是靠口腔内齿舌与喙相结合，将鱼、蟹等食物磨成粥状物后吞入胃中。鱿鱼齿舌的咬合力大得惊人，五六千克重的鱿鱼可轻而易举地咬断小鱼钩。人们最常见的鱿鱼一般只有手掌那么大，重达几千克的并不多见。可是在南美洲一带海洋，数千克重的鱿鱼非常普遍，人们还曾经发现重达160千克的大鱿鱼。鱿鱼个头大了，对喜欢美食的人来说不是好事，因为它们的味道敌不过个头小的，鲜味差远了。

在我国产的鱿鱼都是小鱿鱼，一般都20厘米左右长。它们个头虽小，但生性好勇斗狠，尤其是在它们集群产卵的时候，误闯入的鱼类都会受到它们的攻击，被它们释放出的一缕缕乌墨弹搞晕，狼狈逃窜。

鱿鱼与墨鱼一样，也能不断变色，除了变成与周围环境一样外，也能以变色来显示自己的喜怒哀乐。可见，它们还是一种性格外向，喜怒于色的海洋动物。

四、珊瑚

说到珊瑚，很多人会认为它是一种植物，甚至是石头。这种认识是错误的，珊瑚其实是一种低等的腔肠动物。

一般来说，腔肠动物具有内外两个胚层，内外胚层的细胞围成唯一的腔——消化腔。它们有口却没有肛门，食物从口进入，在消化腔消化、吸收后，产生的排泄物又会从中排出。珊瑚就是这样的，它生活在海底，个体渺小，身份低等，所以很少有人会认清楚它，犯认识错误也就在所难免了。

通常人们看到的珊瑚，不是珊瑚虫的个体，而是群体珊瑚的骨骼。它们是怎么形成的呢？解开这个疑问离不开珊瑚的生殖繁衍方式。低等的珊瑚虫主要是无性繁衍，即每个珊瑚虫都是一个母体，新生命体在母体内孕育，并由母体的体壁向外突出，逐渐长大，形成芽体。芽体成熟，并不离开母体，再突出新的芽体，一代一代这样繁

珊瑚

珊瑚群

殖下来。珊瑚的外胚层细胞可以分泌石灰质，生成坚硬如石的外骨骼，所以那些死掉的“祖先”们仍以骨骼的形式与它们的子孙相伴。

珊瑚群栖息在海底，逐渐形成了坚硬的外形，而且可以是很庞大的、美丽的。在中国的海口、北海等海滨城市，工艺品商店出售的珊瑚花，其实就是一种被称作石珊瑚的珊瑚群体。它们形状各异，婀娜多姿，分外窈窕，在海底呈现红、绿、橙、黄、紫等多种色彩，万紫千红，美不胜收，具有极强的观赏价值，就好像海中生长着成群的鲜花似的，让人赞叹不已。

海底珊瑚日复一日，年复一年，成群堆积，它们坚硬无比，逐渐成为海底的暗礁。暗礁藏在水底，航船如果不知道它的存在，误撞上去，就可能引发沉船事故，哪怕是万吨巨轮，都可能毁灭在珊瑚虫的“尸群”上。

珊瑚生长在岸边，形成沿海的岸礁。它们可以保护海岸，阻止海水对海岸的冲击。这些岸礁可以当砖石用来盖房子。用珊瑚盖成的房子，不仅美观，而且坚固耐用。我国沿海一带，就有很多用珊瑚礁当建筑材料的。

珊瑚还可烧制成石灰制水泥和铺路，中国台湾很多街道是用珊瑚铺成的，路面坚固平坦。

珊瑚完成的最伟大的工程，自然是珊瑚岛。中国的西沙群岛，太平洋中的斐济群岛，印度洋的马尔代夫岛，等等，都是由珊瑚经过千万年的堆积而形成的。

这些被人们“视而不见”的低等腔肠动物，竟然缔造了连人类也无法企及的奇迹，而这一切，完全是因为群体的力量，是团体协作的结果，实在令人惊叹！

弱小者创造的奇迹，才是真正的奇迹。

五、鹦鹉螺

地球上最古老的海洋动物，可能要数鹦鹉螺了，它已有四亿年的存活历史。

人类所知道的地球上的生物史，大约只有六亿年。六亿年前，地球进入太古代的寒武纪，最早的无脊椎动物三叶虫等开始繁盛；到了四亿年前的奥陶纪，鹦鹉螺代替了三叶虫，走向高度繁荣。而今，三叶虫已经不在了，人们只能从化石中看到它的姿色，而鹦鹉螺却仍在海底世界自由自在地活着。

鹦鹉螺是头足类的有壳软体动物，与章鱼、墨鱼是近亲。它的背腹旋转，呈螺旋形，外表分布着细密的条纹，光泽艳丽，犹如羽毛，壳后部间杂着橙红色波状条纹，形如美丽的鹦鹉，故而得名鹦鹉螺。这种螺的完整贝壳，不需任何加工装饰，已经是珍贵的玩赏品，若再经雕刻造型，加工成艺术品，则更加名贵，使人爱不释手。

据生物学家研究，鹦鹉螺化石多达2500余种，分布遍及世界各地，说明海洋曾一度是它们的天下。生物都在进化发展，没有哪一种生物能够永久存在。经过几亿年漫长的生存竞争，鹦鹉螺的绝大部分种类已经灭绝，目前在海洋中仅存四种鹦鹉螺，它们都生活在太平洋和大西洋中。

鹦鹉螺很有个性，与其他有壳软体动物有较大的差别。它的壳腔分成30多个壳室，一个个间隔开

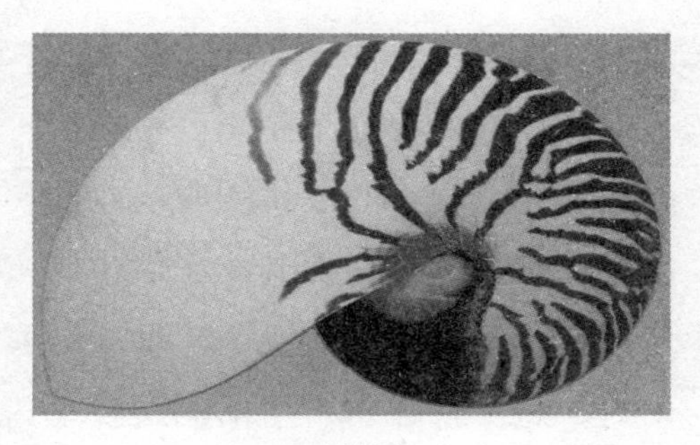

鹦鹉螺

来，最后一个壳室是居住用的，用于存放鹦鹉螺的身体；而其余均为“气室”。鹦鹉螺有90只腕手，它们是捕食及爬行用的。其中有两个合在一起变得很肥厚，当肉体缩进贝壳里休息时，用它盖住壳口。

科学家对这种古老的动物进行研究，他们解剖了数以千计的鹦鹉螺，最终发现了一个极为有趣、且近乎神奇的秘密。在鹦鹉螺那一个个壳室里面，生长有一条条突起而清晰的横纹，叫作生长线。这些神奇的生长线，竟准确地记录了月球的演化史！

鹦鹉螺的两片隔膜间的生长线条数正好与现在的太阴月(即月亮绕地球一周)的时间——29.53天相吻合。卡恩和庞比亚还对各个时期的鹦鹉螺化石进行观察，发现在特定的地质年代里，各地不同种属的鹦鹉螺生长线的数目也大体相同，数一数它们的生长线，都与那个时期太阴月的天数相吻合。比如，6950万年前的鹦鹉螺化石，它的生长线是22条，而当时月亮绕地球一周也只需要22天；3.26亿年前，太阴月的天数是15天，而那个时期地层中的鹦鹉螺化石也只有15条生长线。

天文学家曾提出，月亮再不愿与地球为伴侣了，正一点点挣脱引力的羁绊，悄然扬长而去。月亮与地球的距离正在一点点拉远，绕地球一周所需要的太阴月时间也在变长。而这些海底的鹦鹉螺，分明成了月亮远去过程的一部备忘录。一个是太空中的星体，一个是海底的软体动物，竟有如此精确的联系，实在是让人费解。面对茫茫宇宙，我们显得过于无知了。

无知却强做真理的拥有者，便一度是人类采取的态度。人类曾为天体间的关系争论不休，这种争论甚至辅之以绞架和烈火，向真理接近的每一步都有淋漓的鲜血。想一想便会发现，这些争论都是人类血腥游戏中的一种，丝毫没有影响宇宙的法则，只是更加暴露出我们的无知，以及在无知驱使下的残暴。相反，倒是这些海底的低等动物，默默研究着月球远去的步履，平和而安详地做着记录。

鹦鹉螺的存在，是对人类的一种嘲弄。我们在鹦鹉螺的面前只剩下自惭形秽的权利。

六、鱼龙

在华夏文化中有个说法，叫“鲤鱼跃龙门”，意思是说只要鱼越过龙门，就可化成龙了。我们都知道，这只是个传说，鱼就是鱼，不可能变成龙，更何况龙是一个虚无的动物呢。但是，不管你相信与否，在浩瀚的海洋中，却真有鱼龙这种动物的存在。

在距今2.3亿年前的远古海洋里，鱼龙就已经出现。在盛产茅台名酒的贵州省茅台地区，就发现了这种原始的鱼龙——混鱼龙。它头长、脖子短，身体像现在的海豚。它的四肢已经退化了，变成善于游泳的鳍脚。鱼龙是以海洋中的鱼类、蚌类或其他脊椎动物为食的。混鱼龙是整个鱼龙家族中最小的一类，体长不到一米，最长的也只有两米多。

从广阔的海洋里钻出一个尖尖的长鼻子动物，它长得像现在的海豚，嘴长长的，里面长满了尖尖的牙齿。这种动物其实也是一种爬行动物，是一种在水中生活的爬行动物，就像现代的哺乳动物——鲸鱼在水中生活一样。这种动物的名字叫鱼蜥，或者叫鱼龙。它的四肢适应水中游泳的生活已经变成非常结实的鳍状，而且尾巴也变得像鱼尾巴一样了。

鱼龙的身体是流线型的，像鱼一样，但它不是鱼，因为它不用鳃呼吸，而是像陆地上的爬行动物一样，用肺呼吸空气。鱼龙也不像鱼那样在水中产卵，它是把卵留在自己的身体里，这样就可以安全地把卵孵化出来。它们的孩子出世后，终生都生活在海洋里。它们在大海

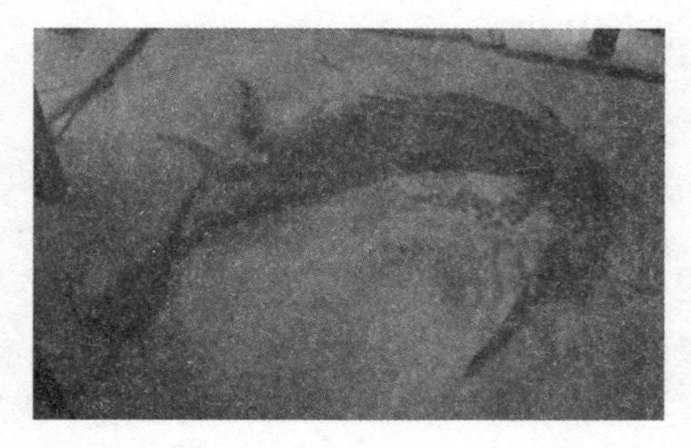

鱼龙化石

中过得非常自在，有些鱼龙可以长到13米多。

那时的海洋里还生活着一类短头鱼龙，以软体动物为食，它的头短而粗，嘴里长着几排像纽扣似的牙。许多软体动物都有坚硬的外壳，是为了保持柔软的身躯不受到伤害。短头鱼龙那纽扣般的牙齿，其力量非常大，“咔吧”一声就能把软体动物的壳压碎。这时，鱼龙就可以大吃一顿壳里面鲜嫩的肉质了。短头鱼龙身体不成比例，头小，个头却不小，它的四肢比同时代的其他鱼龙都要长很多。有的短头鱼龙能长到10米～14米，比起混鱼龙来，它可是“彪形大汉”。

在鱼龙大家族中，最常见的就是生活在1.5亿年前的真鱼龙了，它是整个鱼龙家族的杰出代表。它的身体为流线型，皮肤裸露，很适于在水中游泳。它长长的脑袋，鼻孔长在头上方，嘴里长满了又尖又大的牙，有100多颗，最多可达200颗。鱼龙有两只大眼睛，还长着一种叫巩膜环的保护眼睛的结构，这说明鱼龙的视力很强。它的听力也比其他爬行动物好。难怪有人夸它是“眼观六路，耳听八方”的海中霸王呢！

鱼龙是怎样在大海中遨游的呢？是像鱼，还是像海豚？都不是，它游起来更像现代的企鹅。几年前，在英国的一个博物馆地下的采石场里，发现了一些鱼龙化石，有脖子、前肢和尾巴。不用说，鱼龙的两个前肢是用来划水的。真的这样简单吗？经过科学家们的仔细研究，发现鱼龙的前肢除划水外，还具有“定向舵”的功能。当它想缓慢游动时，就划动两个前肢；当它想要快游时，会使劲地摇动大尾巴，像箭一样，划过水面而去，前肢划水的作用反倒是弱了。

发现第一具“龙”骨架的，是英国一个12岁的小女孩，她叫玛丽。这个漂亮的小姑娘的家毗邻大海，她的父母靠捕鱼和卖贝壳化石维持生计，而小玛丽常到海边的岩石中去采集海贝化石。1811年的一天，玛丽在岩石中发现了一个奇怪动物的骨骼化石，好像是一只曾生活在海洋中的一种古代爬行动物。这个发现引起了科学家的兴趣，经过研究证实了这件化石确实是一种海生爬行动物的遗骸。它死后骨头被泥沙埋在海底，变成了岩石中的化石。不知过了多少百万年，海底的岩石由于地壳相互碰撞的作用，被抬升了很多米，露出水面。在日晒雨淋的风化作用下，一部分岩石破碎了，形成了今天海边的峭壁。而这个古代海洋中的爬行动物骨架恰好是在这个峭壁的表面，结果被玛丽幸运地发现了。后来当科学家们把这些骨骼化石拼在一起的时候，才知道这是一只已经灭绝2亿年的鱼龙化石。

玛丽发现的这个化石叫什么呢？当时科学家们都用拉丁文或希腊文给动植物起名字。因此，这个化石也不例外，给它起了个“Ichthy saurus”的名字，“Ichthys”在希腊语中是“鱼”的意思，而“Saurus”是希腊文的“蜥蜴”。所以早期的古生物学家把它翻译成“鱼蜥”，后来才被改叫鱼龙的。

绝大多数爬行动物都是卵生的，就是说它们大多靠生蛋来繁殖后代。一般的爬行动物都把蛋下到

鱼龙化石

沙子里或自己的窝里，而鱼龙却不同，它们不能在水下产卵，也无法爬到陆地上产蛋。那么，它们又是怎样繁殖的呢？

140多年前，人们在岩石中发现一具十分完整的巨鱼龙化石。奇怪的是，大鱼龙的肚子里还有一条长得非常相似的小鱼龙。那时，一些人认为是大鱼龙吞食了小鱼龙，后来，科学家们在德国的霍耳茨马登附近发现了300多条鱼龙的骨骼化石，除了数量众多的鱼龙骨骼和皮肤化石外，还意外地找到了一些腹中带有幼体鱼龙的雌性鱼龙骨架化石，这样的骨骼标本共有20多具。

鱼龙“公墓”里发现的所有成年雌性鱼龙的体腔中几乎都有小鱼龙。甚至在一种名叫四裂狭鳍龙的雌龙腹腔中找到四条小鱼龙。其中有三条在体腔内，一条刚要出世。它的身子在体外，而头却在妈妈的肚子里。大自然的石化作用将鱼龙的生殖情况如实地记录下来，通过对这些标本的研究，科学家的认定，小鱼龙出生的时候并不是很快地离开母体的身体，在分娩时，小鱼龙的尾巴首先渐渐地由母体伸出，但整个身体并不出来，一直到小鱼龙已经可以使用尾鳍和鳍脚的时候为止。快生下来的小鱼龙个头较大，一条3米长的雌鱼龙所生的孩子可达0.5米～0.7米。

七、海星

海星是生活在大海中的一种棘皮动物，全世界大概有1500种，它们分布在世界各大洋中，从浅海到600米的深海，都可以看到它。

海星没有头却有口，它的“头”可临时配备，它的口很小却可以吞下比自身大数倍的猎物；它有着美丽的外貌却也有着残忍的本性；它具有变幻魔术的本领，可把自己的身体变一、变二、变三、变四……它是渔民咬牙切齿的敌害，却是科学家的宠儿；它是海洋中最古老的动物，却是人们心目中的年轻伙伴……

渔民们常把它晒干成串悬在渔船尾部，外行人一见它常喜欢抚弄它，把它比作海带、紫菜那样的植物。其实它是动物。国外人们把它称作星鱼，星即五角星形，鱼即是海生动物，“星鱼”的叫法似乎挺形象化，但不科学，其实海星与鱼是风马牛不相及的。在动物分类上，它是棘皮动物，是海洋里常见的无脊椎动物。上古时代海星就已经成了海洋生物的象征了，早在4000年前古希腊的壁画中，海星作为海洋生物的代表已被绘制于壁画中。

观察一下海星的外形，可见除了圆盘留存中间外，余下的就是五个爪子样的腕手。海星既然是动物，按理该有个头，可它的头在哪里呢？人们是难以觉察的。科学家对它进行了长期观察，发现它的五个腕手，动作很不协调，其中有一只腕手，老是在那里不停地伸缩，显得特别忙碌。原来这只忙碌的腕就是它的“头”。由它来支配其他器官。如果把这个“头”砍掉会怎么样呢？这时发现这个“头”被砍之际，其他几个腕都警觉起来，一旦“头”被切除，其中一个腕即成了临时的“头”，起着支配一切的功能。这种奇特的换头术，说来奇怪，其实从生物进化的观点看也不足为奇。凡是低等动物，例如蚯蚓等也都有这种奇特的功能，科学家认为这是自然淘汰的规律在起作用，越是脆弱，易受伤害的动物，其再生的本领也就越强。

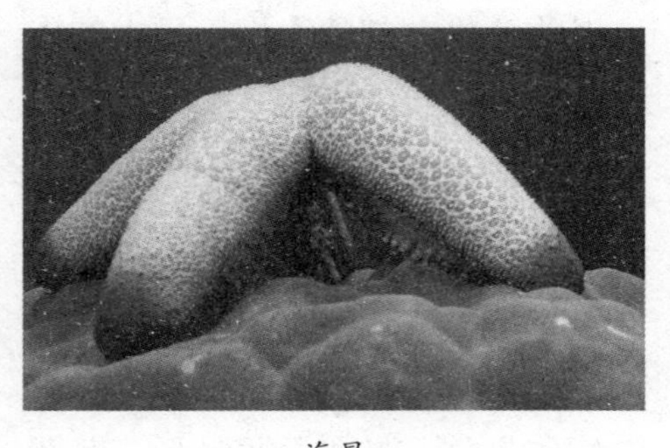

海星

海星的腕，堪称万能，有说不尽的用途。海星行动时以腕代脚，支撑着前进。腕的末端有“眼睛”的功能，可以指引方向；同时还有“皮肤”的功能，感知迎面而来的水流和温度的变化，并做出灵敏的反应。在腕的支持下，海星或前或后，或左或右，想上哪里，就上哪里，十分灵活。一旦捉住活物，五个腕又可像爪子一样紧紧把活物抓牢，死不放松。小鱼和贝类动物是海星最爱吃的，牡蛎、贻贝等贝类动物，尽管有一身硬质的盔甲，可是遇到海星就倒霉了，十有八九成为海星的口中餐。

海星吞食硬外壳贝类动物的过

程是挺有意思的。当海星与贝类相遇时，它的五个爪子会立刻伸出，准确地抓住贝类的外壳再也不松开。海星没有大的颚齿，又没有像蟹那样的螯钳，怎么吃下贝壳里面的肉体呢？海星当然有办法，不过这个办法有点笨，就是“等”，以“时间”来消磨对方。它长时间地抓着贝类，造成一个真空的环境，使贝壳内的生物呼吸困难，直至缺氧窒息。为了加快打开壳体，海星还释放麻醉毒液，经这样长时间的窒息、麻醉，贝类那紧闭的壳门不得不张开喘气，趁着这个机会，海星马上将肚子里的胃翻出来当嘴唇，伸进壳缝，将一顿美餐吃到嘴。用这种方法，一只海星一天之内或许可以吃到20个牡蛎，可见其残忍的食性。

当海星大量汇集时，它们常常肆无忌惮地残害渔民们辛苦养殖的贝类动物，还会吃掉鱼的饲料，从而造成渔业减产。所以，渔民们都不喜欢海星，把它比作瘟神，往往捕捉到它们，会立刻把它们剁成几块，然后抛入大海。这样做并不会杀死海星，恰恰造成海星大量的再生。因为海星的每一条腕都是一个半独立的机体，都有自己的运动、消化、繁殖和排泄器官，这种结构使海星的断臂只要带上一部分中心圆盘的残骸，就可生长成一个新海星。有的海星本领更大，只要一截残臂，就可长出一个完整的新海星。海星的这种再生能力，很像蚯蚓，它们也是断几截后，会长出许多新蚯蚓来。

海星的这种巨大的再生能力，是渔民们所讨厌的，可科学家却非常地偏爱。科学家们想，如果海星再生的机理能在人类身体上实现，那时断臂、断腿再植将成为简单的事情，不必像现在那样，医生要连续十几个小时在显微镜下做着极其细微的手术。为此，科学家对海星与人的细胞结构做了研究比较，发现它们都有一种储备细胞(即干细胞)，储备细胞内都有完整的遗传基因。不过海星可以借助这种遗传基因，轻而易举地培育出各种器官的新细胞，从而生成新个体，而人类的遗传基因做不到这一点，只能起到弥合伤口组织的作用，无法形成新的器官。

海星

海星像许多鱼类一样，也正成为餐桌上的美食。日本对海星食品进行了大量的研发，已经用海星的提取物制作成了味精；还把海星的内脏制成酱，用来佐餐。在我国，很早就将海星入药，把海星从水中捕捞出来，洗净、晒干，多用作汤料。

近些年来，人们在试验中发现，海星的主要食物，并不是贝类动物，而是一种叫藤壶的动物，藤壶是养牡蛎的敌害，海星竟能助人除害，这是否是功大于罪，或功罪参半呢？总之，数千年前存在于世的古老动物海星，至今还是人们研究、了解的新对象。随着科学技术的提高，相信有一天，人们会给海星一个中肯的定位，海星也将给人类带来更多的实惠和贡献。

八、海獭

海獭是一种相貌与水獭很相似的动物，主要生活在白令海和加利福尼亚沿岸。海獭体长约100厘米～120厘米，体重达20千克，整个身体像一个圆筒，尾巴比较短，约30厘米。海獭的后足非常发达，又短又宽，趾间有蹼。它耳朵的位置特别低，基部位于嘴角的水平位置。又短又钝的吻部长有白色触须。头部的毛色呈浅褐色，身体的毛色为深褐色。

长期栖居海洋中的食肉动物并不多，海獭算是其中之一。海獭具有顽强的生命力，只生活在北太平洋的寒冷海域。它大部分时间都待在海水里，连生产与育幼仔也都待在水里，很少上岸觅食。在寒冷的海域地带，动物为了抵御寒冷，一般都有厚厚的脂肪，如海豹、北极熊等，但海獭是个例外，它为了保持身体的热量，总是不停地运动，不断地进食。当然，它还有一身极好的皮毛帮助它抵御严寒。它的毛皮致密，保温效果非常好，而且还能把空气吸进毛里，形成一个

海獭

保护层，使寒冷的海水不能接近皮肤，寒气不能侵入。海獭一般在浅水中觅食，它的胃口很好，海胆、海蛤、石鳖、鲍鱼、乌贼等，只要是能吃的都会吞进肚里。有时海面上刮起大风，大浪一个接一个地涌起，这样恶劣的天气，照样不会影响它的食欲，甚至风浪还会成为它觅食的帮手。它能准确地判断两次海浪冲击的间隔时间，当前一个浪头拍岸后，它会及时地跳上岸，忙碌着挑选被海水带上来的食物，在下一个浪头袭来之前，它又急忙跳进海里。这种与风浪斗智斗勇的能力是其他动物所不及的。

海獭是一种非常聪明的动物。海獭的聪明体现在它可以借助工具达到自己的目的。它捕食海蛤前，往往先从海边或者水里找一块石头夹到腋窝下，然后再沉入海底捉海蛤。捉到海蛤后，海獭会把它们塞入肚皮褶里。海蛤捉得差不多了，海獭就会仰面浮在水面上，将石头平放到腹面，用前爪抓住海蛤在石头上敲打，直到打碎硬壳，吃到鲜美海味。如果你认为海獭的这种行为很神奇了，那就太小看它了，它在选择敲打海蛤的石块上也十分用心，它所选的石头全部为方形或长方形的扁平石块，很少“选择”圆形的石头。道理很简单，圆形的石头很容易从海獭的腹部滚下来，而扁平的石块却能稳稳地放在它们的腹部。

一般情况下，海獭喜欢群居，与其他动物不同的是，它们喜欢和自己的同性伙伴在一起。海獭们在一起就像小孩子一般，相互嬉戏、打闹。有时候，雄性海獭内部之间也会发生小摩擦，你打我，我打你，互不相让，不过冲突不会持续很长时间，打完后就又和平相处了。

繁殖期间，一对对海獭“夫妻”会离开群体，寻找僻静的地方建立自己的安乐窝。做夫妻都渴望天长地久，可是海獭只做3日夫妻，当它们交配完后，雌海獭便离开它的丈夫，回到自己原来的队伍中。

怀孕的雌海獭需要9个月时间，才能生下小海獭。往往这个时候，已经是冬末初春。刚出生的小海獭个头很小，浑身布满浓密的绒毛，可是它们有着与生俱来的好水性，不需要母亲的帮助就可以独立地在水中漂浮。不过，潜水、捕食等本领还是需要跟妈妈学的，只有这样才能有生存的机会，更好地成长。总之，小海獭很快就可以脱离妈妈的护佑，自己独立捕食。

人类往往很贪婪，会不惜一切手段得到好东西，如象牙、虎皮、犀牛角等，这就使大象、老虎、犀牛等动物受到疯狂捕杀，甚至面临灭种的危机。海獭的皮也是十分贵重的，一件海獭皮大衣价值数万美元，这使海獭曾一度遭受大量捕杀，太平洋各岛上的海獭已所剩无几。后来，人类认识到自己的错误，加强了对海獭的保护，其数量方有所回升。

海獭

九、鲎

在海洋中，也有众多的活化石，鲎就是其中之一。据科学家们研究得知，远在泥盆纪，鲎就出现在这个世界上了，经历了4亿年，仍保持原始生物的老样，你说它是不是“活化石”？是不是远古留下的客人？

鲎长得怎么样呢？是否和大熊猫一样可爱？有一则谜语说得好：“头戴钢盔，尾如利剑，两眼朝天，十脚着地，看来如坦克，吃来像蟹味。”这便是鲎。

住在海边的人经常可以见到这种海洋动物。很久以来人们一直对它不屑一顾，即使捕捞到它，也往往随意扔回大海。它身上没什么肉可吃，有时也有利用它的壳来当水瓢用的。然而近年来这种古怪的动物，日益受到人类的器重，以致成了人们最心爱的朋友。因为它无私地把“秘密”献给人类，使人类的文明跨进了一大步。

现在，电视机已深入到千家万户，是人人离不开的东西了。事实上，当我们坐在电视机前，能清晰地看到电视画面，就得感谢鲎，正是它给人类带来了赏心悦目的屏幕效果。我们知道动物大多只有两只眼睛，而鲎却有4只眼睛，在头胸部正中线的前端，有两个较小的单眼；此外在头胸部中间两侧还各有一只复眼，人们感兴趣的便是鲎的复眼。

鲎的复眼中有800～1000个小眼，每个小眼的神经纤维之间，有着许许多多的侧向神经联系，形成了神经网络，这个网络被称为“侧抑制作用”。正是由于这侧抑制作用，使各小眼对光线的反应特别灵敏。使鲎能在昏暗环境中清晰地观察外界物体。

这一“侧抑制作用”原理，被应用于电视或雷达系统，就大大提高了电视图像的清晰度，提高了雷达显示的灵敏度。依此原理科学

鲎

家研制出多种电子仪器，对X光照片、航空照片等进行技术处理，可以得到良好的图像，清晰度也大大提高；因此我们说鲎的复眼给人类带来了一个划时代的成果。

除此之外，鲎还在医药事业上给人类带来另一个进步，这便是它那与众不同的血。我们知道一般动物的鲜血都是红色的，红细胞输送氧气，排出二氧化碳；同时又通过白细胞与入侵的细菌作对抗，捍卫着生命。而鲎的血却是蓝色的，据测定鲎血中没有红细胞、白细胞和血小板，只有0.28%的铜元素。它是由单一的细胞所组成的，故血液是蓝色的。正是由于血液由单一细胞组成，因而鲎是很脆弱的，遇到细菌便一触而溃。鲎的这种对细菌感染极为敏感的习性，作为一种

医药检验用品，是最好不过的了。利用鲎血来作试剂，可以快速而准确地检测出测试物是否有细菌的存在。

在医药上鲎的蓝色血液还有其他多种用途。例如检验内毒素的中毒情况以及检查药物中的热原等等。总之，鲎血可谓一宝，在医药上用途非常大。

鲎的家庭生活也很有意思。走在浅滩上，如果看到鲎的话，一般都是一大一小的两只鲎，它们成双入对地出行，最有趣的是大鲎要驮着小鲎。有人会说，这是鲎妈妈驼着鲎儿子出来散步。真的是这样吗？不是，上面那小的是雄鲎，而压在下面的那大型的便是雌鲎了，它们是夫妻关系。雌鲎背上驮着自己的丈夫，蹒跚爬行，雄鲎用脚紧紧地钩住雌鲎，不管是入海还是沙滩筑巢都从不分离。渔民们有经验，抓鲎时只捉那只小雄鲎，小雄鲎抓住雌鲎不放，而雌鲎也不会弃夫而逃，于是便双双落入人手。

每年农历五月，天气转热，海水温度会慢慢上升，鲎便成群地从海底游向沿岸沙滩，挖穴产卵。到暮秋时节，又结队游向海底过冬。

我国仅有一种鲎，称为中国鲎，主要分布在南海，东海也有少量。

十、鲨鱼

如果有人问起：最凶猛的海洋动物是什么？人们会毫不犹豫地回答是鲨鱼。确实，鲨鱼不是海洋中最大的动物，却是最凶猛的动物，它们发起怒来甚至什么都敢咬上几口，哪怕是钢板、铁块。

鲨鱼，我国古代人民叫它鲛、鲛鲨、沙鱼，是海洋物种中古老的种类。据知，它在地球上已存活了3亿多年了。在这么长的时间，有的动物已经灭绝了，有的动物进化成其他形式了，可鲨鱼由于它流线型的身体特别适应海洋的生活，外形基本上没有发生多大的变化，仍保持着“靓仔”的健美体型。

世界上已知的鲨鱼有380多种，其中体型最大的是鲸鲨，它的体长约20米，重量达20吨。鲸鲨也是海洋中最大的鱼，是真正的鱼类巨无霸。

鲨鱼的脑很小，智商不高，而且记忆较差。由于鲨鱼眼睛的视网膜上布满感光细胞，视觉细胞却很少，所以它在暗处能分辨出东西。可一到了水亮的地方，它视力大幅下降，看什么东西都模糊。

鲨鱼听觉不算灵敏，可这没关系，它身体的侧线可以为它提供帮助。身体的侧线好像雷达装置，可以感知水的压力和波动，哪怕200多米以外的鱼类在水中游动，它都能感知的一清二楚。

鲨鱼对血腥味非常敏感，这可能跟它嗜血有关。只要水中有少量血腥味，它们就会立刻赶来。

鱼的体内往往有鱼鳔，其是种类似气囊的装置，可以帮助鱼儿在水中升浮，想停就停，想游就游。鲨鱼体内没有鱼鳔，它要靠不停地游动才能保持身体平衡。也有研究表明，鲨鱼没有鳔，却有很大的肝脏。例如一条3.5米的白鲨重210千克，肝的重量就有30千克，鲨鱼的肝脏依靠比一般甘油三酯轻得多的二酰基甘油醚的增减来调节浮力。三峰锥齿鲨吸入空气，从而把自己的胃变成“压水舱”，用来调节浮力。这有点儿像潜艇的工作原理。

鲨鱼需要不断游动，还有一个原因。它的呼吸系统缺乏抽水器官，只有不断地向前游动才能用鳃吸取水中所含的氧，停留过久就会窒息而死，所以大多数鲨鱼从出生便不停游动，一直到死。

凶猛的鲨鱼

鲨鱼的游泳速度相当快，最高时速可达20海里。这对它的攻击取食很有利，一般猎物很难逃脱鲨鱼追赶。而且鲨鱼觅食有个特点，就是取易不取难。它一般专门攻击老弱、愚笨或受伤的动物。这在人类社会，有点“欺负弱小”之嫌，可是这对海洋中鱼类的进化来说，起着积极的作用。

除鲸鲨摄食浮游生物外，其他鲨鱼都是肉食性的。鱼类是它们的主要食物，大型鱼类是它们的最爱。而有些鲨鱼，如大白鲨，爱吃哺乳动物，如鲸、海豹、海獭等。虎鲨吃的食物有点杂碎，甚至连海鸟、垃圾、人类残骸、罐头、煤块等都吃。总之，不同种类的鲨鱼，觅食习性是有差异的。

鲨鱼身上有很多宝。人类最熟悉的当然是鱼翅了。鱼翅是由鲨鱼鳍制成的，经过加工烹饪后，条细如丝，晶莹洁白，食之柔软滑爽，回味无穷，所以是各种宴会上的高档菜品。另外，鱼翅的营养价值非常高，含有大量的胶原蛋白，可以补养皮肤，强壮筋骨。还含有大量的钙、磷、铁等多种矿物质，具有补气、补血、补肾、补肺等功效。

鲨鱼的肝脏也是一宝，它富含各种维生素，是制造鱼肝油最好的原料。

鲨鱼软骨也是可以利用的，用它可以制造人造皮肤。美国波士顿研究人员曾宣布，他们可以用牛皮、鲨鱼软骨和塑料三种成分合成人造皮肤。这种人造皮肤主要由两层皮构成。里层是由从牛皮中提取的蛋白质和从鲨鱼软骨中提取的合成碳水化合物组成。这两种成分与酸性溶液混合，变成短胶原性纤维，经冻干和真空处理除水后，而形成一种薄且有高度渗透力的白色片料。外层是一种黏性塑料，将其压在牛皮——鲨鱼薄片上，最后将合成皮冻干。这种人造皮肤可避免人体排异性，伤口愈合后几乎不留什么疤痕。而且人造皮肤光滑、柔韧，摸上去如同真皮。

近些年来，科学家们正在研究从鲨鱼体内提取抗癌药物。鲨鱼抗癌能力很强，科学家们曾给鲨鱼注射大剂量的化学致癌物质，可是鲨鱼什么事情也没有，身体也不会形成肿瘤。对此，科学家们提出了种种假设，一些人认为鲨鱼体内大量的维生素A保护了它们；另一些人则认为，鲨鱼体内含有活性酶，这很好地保护了鲨鱼的健康，而其他动物的活性酶已在进化过程中逐渐消失了。不管怎么说，一旦有一天人类从鲨鱼身上提炼出抗癌药物，鲨鱼就又为人类健康做出了巨大贡献。

十一、蓝鲸

如今，最大的海洋动物是什么呢？当然是鲸。说起鲸，人们往往习惯性地称之为鲸鱼，其实鲸根本不是鱼类，它与鱼有着种种差异，其中最主要的是它是用肺呼吸，而鱼类是用鳃呼吸。鱼类利用鳃摄取溶解于水中的氧气，可永远生活在水下。而鲸是用肺呼吸，它必须经常不断露出水面，交换空气呼吸。

蓝鲸属于须鲸类，是当今世界上最大的动物。一头蓝鲸的重量，往往是普通鲸鱼的2倍。人类捕获过的最大一头蓝鲸，其身长34米，体重170吨，心脏重700千克，肺重1.5吨，肾重1吨，血液接近10吨。仅是它的心脏器官，就有三四头猪加起来那么重，由此可想象蓝鲸有多么大了。至于它的气力，至少相当于一台中型的火车头。蓝鲸的肺活量有1500升，每次呼吸时从鼻孔中冲出的强有力的气流，这些气流能将附近的海水喷起来，形成一条条白色的水柱，宛如海上喷泉似的，景象煞是壮观，航海的人称其为喷潮。

蓝鲸没有牙齿，或许它的牙齿已经进化掉了，仅有几百块角质的须板，须板上长满一排排密密的鲸须。它的肚子里还有许多密密的皱褶，吃食的时候只要张开大嘴让海水流进嘴里，然后闭上嘴巴将海水从须缝中挤压出来，那么水中的一些小鱼、小虾和其他的浮游生物就被过滤留在嘴中，吞到肚里。身材超大的蓝鲸每次吃饭要吃好多东

蓝鲸

西，食量很大，粗略估算它一天可以吞食4～5吨的食物。

蓝鲸吃得多是有必要的，这样可以让它长起厚厚的脂肪，有助于在水中活动，增大浮力。成年的蓝鲸身体脂肪可达40～50厘米厚，就像一层大棉被。厚厚的脂肪还可以抵御海水的寒冷，所以蓝鲸不怕冷，喜欢生活在温度较低而食物丰富的南极海区。

每到夏季，南极海域里挤满了磷虾，数量多得把数百万平方海里的海水都染成了红棕色。磷虾是蓝鲸最爱吃的美食，所以每逢这个时节，蓝鲸都会长途跋涉赶到那里，大快朵颐。它们愉快地度过南极的夏天，一头蓝鲸一个夏天体重可增长数千千克。这时雌鲸肚子里的小鲸也孕育成熟了。由于小鲸缺少厚厚的脂肪保护层，不能抵御极地的严寒，所以夏季一过，雌鲸就得离开南极，到温暖的海区去产仔。

蓝鲸是动物世界中一夫一妻制的典范，一对蓝鲸从结为夫妻的那一天起便终生厮守，不再分离。当雌鲸离开有着丰富食物的南极海域时，雄鲸也会紧跟在身边，寸步不离。经过上千海里的长途旅行，蓝鲸夫妻会在接近冬天的时候，找到一片温暖的海域过冬，等待着它们的孩子出世。这里的海水温暖湛蓝，尽管食物不是很丰富，但偶尔也可以饱食一餐。更多的时候蓝鲸夫妇是在互相追逐游戏。一般是在黄昏的时候，雌鲸感到了腹中的阵痛和抽动，在痛苦和喜悦中，它赶紧将雄鲸呼唤到身边。这时的雄鲸既温柔又体贴，它不断地围绕着母鲸游动，希望能减轻母鲸的痛苦。最后雄鲸小心地帮母鲸翻过身来，使它的肚皮向上，这样雌鲸的感觉能舒服一些。当然，雄鲸一刻不离将要产仔的雌鲸，也是为了安全。因为当雌鲸生产时，总会引来鲨鱼等不速之客。将要产仔的雌鲸毫无防护能力。所以，雄鲸的任务之一，就是保护雌鲸安全生产。

蓝鲸的分娩方式跟人类分娩不一样，人类分娩时婴儿是先露出头，再逐渐露出全身。而鲸则是先露出尾巴，再露出全身。如果头部先出来的话，那么，从脱离胎盘到离开母体浮上水面进行第一次呼吸

蓝鲸

的这段时间里，幼鲸将会被海水淹死。

小蓝鲸生下来就有7米长，2～3吨重，比许多成年的动物都要大不少呢。刚生下来，小蓝鲸不会游泳，也不会通过呼吸来扩张自己的胸腔获得浮力，所以需要父母的帮助，否则它会沉到海底而丧命。它的父母要将它托向海面，让它呼吸新鲜的空气，它的小脑袋一探出海面，便深深地吐出一口气，喷射出一股数米高的水柱。时间一天天地过去，幼鲸在父母的保护和喂养下逐渐长大了。母鲸的乳汁浓郁而丰厚，富含营养成分，其脂肪含量是人奶的几倍。小幼鲸贪婪地喝着母亲的乳汁，一口气能喝几十千克。幼鲸生长的速度很快，一天能长数百千克，一星期后小鲸即可长到4吨左右。如此巨大的幼体完全靠母亲的乳汁喂养成长，在动物中是极为罕见的。到了6个月后，它才自己捕食一些鱼虾来调剂食物。这一时期，幼鲸除了长身体外，还跟母亲学会了游泳。

温暖的海水给蓝鲸一家带来了无限的欢乐和希望，但这里没有充足的食物供它们捕食。当它们离开南极海域的时候，雌鲸和雄鲸都漂亮和丰满，而现在呢，由于饥饿和养育幼鲸，几乎耗尽了蓝鲸父母的全部营养，这时它们最向往的地方就是南极了。春天来临的时候，幼鲸也长到了16米长左右，体重达17吨~18吨。幼鲸现在也可以长途旅行了。于是，蓝鲸一家就启程匆匆地赶往南极去参加一年一度的磷虾盛宴。

蓝鲸身材很大，可它们也经常受欺负，甚至会丢掉性命。虎鲸是蓝鲸的敌人，它们见到蓝鲸后就异常兴奋，对蓝鲸进行追杀。蓝鲸还受到比虎鲸厉害数倍的敌人，那就是人类。蓝鲸一年一度的生殖洄游也给它们自身带来了灾难，人类已经找准了它们的生活规律，所以很多时候守株待兔，轻轻松松地就将它们捉住了。蓝鲸进食的时候很专注，对捕鲸船不设范、不躲避，非常容易地就被捕到。在四五十年前，每年都有大量的捕鲸船云集在南极，附近海域的蓝鲸遭到了灭顶之灾，蓝鲸数量急剧减少。到1965年，世界上仅剩下200头蓝鲸了。如今，人类已经意识到自己的错误了，在生物学家和环境保护学家的强烈呼吁下，加强了对蓝鲸的保护，蓝鲸的数目已恢复到数万头。

十二、灰鲸

提到灰鲸，就不能不说说两件令人难忘的事件，因为这在大型鲸类的保育史上具有十分重要的意义。

1973年3月，一头受伤的幼灰鲸停留在浅海里，无力返回到深海。人们没有伤害它，将它送到美国加州圣地亚哥海洋世界。幼灰鲸被发现时体重只有2000千克，但它长得相当快，每天长1.5厘米，增重50千克。3个月后，已经长到8.5米长，体重7000千克，鲸池都装不下了。在经过一段时间的康复治疗后，人们只好将它送回大海之中。这是人类第一次没有伤害鲸类而将其安全地放回大海。

1988年10月初，三头灰鲸在洄游至巴罗角以东不远的海域，遭遇了一场暴风雪的袭击，气温骤然下降，海面开始迅速结冰，并且越来越厚，几乎将它们包围起来，留给它们呼吸的水面只有弹丸之地，使它们几乎动弹不得，情况万分危急。恰在此时，当地的因纽特人发现了它们，然后号召全村的人加到拯救灰鲸的行列中。人们用电锯将冰层锯开，每隔一段距离，凿一个口子，上面吊一盏灯，企图将灰鲸导引至开阔的海洋。但是，气温越来越低，暴风雪不断地袭来，锯开的冰面很快又冻住。在拯救灰鲸的过程中，许多人的手脚被严重冻伤。如果再不采取紧急措施，灰鲸很快就会被封于冰下而憋死。三头鲸鱼的遭遇通过电视、电台、报纸等新闻媒体在世界范围内传播开来，立即引起了广泛的关注。人们纷纷打电话或写信给巴罗当局，出谋划策，并主动捐钱捐物，要为拯救灰鲸出把力，来自全球各地的志愿者也陆续赶来救援，美国甚至动用了空军飞机，送来救援物资。10月15日，苏联派出的两艘巨大的破冰船到了，此时的灰鲸已露出疲态，而最小的一头不幸在10月21日死亡，拯救行动面临着更加严峻的考验！大家夜以继日、辛苦忘我地工作着，工作着……终于在10月28日由破冰船开通了一条前往无冰海域的生路，将剩余的两头灰鲸成功地引回大海。“鲸鱼得救了！”人们欢呼着，拥抱着，连续工作的疲劳早就忘掉了。此次拯救行动也赢得了全世界的喝彩。

灰鲸是世界上现存最古老的鲸类，在分类上属于鲸目，灰鲸科，本科仅此一种。灰鲸原先生活在北太平洋及北大西洋中，但北大西洋的种群由于人类的过度捕猎，已于17～18世纪间灭绝了。所以，灰鲸目前仅存于北太平洋，有两个种群。一为东侧的加州种群，洄游路线由墨西哥加利福尼亚半岛的南方繁殖区至阿拉斯加的白令海、楚科奇海及波弗特海西部的摄食区之间，该种群经过数十年的保护，资源量已接近历史的最高水平，达25130头左右。鉴于此，1997年在摩纳哥召开的国际捕鲸委员会的委员会议上，破例批准美国华盛顿州西北部濒临太平洋的印第安人马卡部落于1997～2000年，每年可

灰鲸

在北太平洋捕杀5头灰鲸。另一个为西侧的朝鲜种群，有的学者曾认为该群体可能已灭绝，但韩国于1967～1975年还曾捕获到，后根据在中国和日本的搁浅记录和海上观察的结果，证明该种群尚未灭绝，此种群是目前极为濒危的鲸类种群之一，人们对此知之甚少。1997年，美国和俄罗斯的科学家在俄罗斯萨哈林岛沿岸意外地发现了灰鲸的这一朝鲜种群，并证实，萨哈林岛东北沿岸是它们唯一的夏秋摄食地。但朝鲜种群数量最多时也不到110头，而且这个种群的灰鲸肩胛骨隆起，颈部变窄，身体异常消瘦。因为萨哈林水域已被探测出有丰富的石油，正在准备开采，为此，国际捕鲸委员会分别在美国和韩国举行了朝鲜种群灰鲸的研讨会，中国也被邀请参加。会议一致认为：萨哈林水域仅仅是夏秋摄食地，其余大部分时间灰鲸是在其他国家的水域过冬和繁殖(12月至次年3月)，因此，禁止在萨哈林水域开采石油是一个方面，而由各国政府、科学家和企业间建立紧密合作关系，群策群力，才是拯救灰鲸的唯一出路。大会为此还专门制定了一个十年研究计划。日本自20世纪90年代初每年投巨资进行灰鲸繁殖场所的调查，至今仍未调查清楚。但经多年调查的经验和结果，大家普遍认为灰鲸的繁殖场所很可能在中国的广东和海南一带。

灰鲸是哺乳动物中迁移距离最长的种类，迁移距离长达10000千米～22000千米。灰鲸在每年的4～11月份往北迁徙至白令海峡水域，往返于阿拉斯加与西伯利亚之间的海岸附近。此时水温、光照都较适宜，食物丰富，灰鲸会尽情地多吃食物，以便在寒冷的冬季到来之前，使自己皮下积累一层厚厚的脂肪。12月至次年4月，灰鲸开始南移，穿过阿留申群岛，沿着北美洲大陆沿岸南下，平均每天行进大约185千米，到达它们冬天的乐园——水温较高、光照充分的加利福尼亚半岛的西侧以及加利福尼亚湾的南侧。这时候，正值它们的恋爱季节，也是最佳的繁殖时期，成鲸在繁殖区进行交配，经过12～13个月的怀孕期，雌鲸就生下单胎的小灰鲸。刚出生的仔鲸全身呈暗

灰鲸

灰色，没有藤壶或鲸虱寄生，初生时的体重为0.5吨～1吨，体长4米～5米。由于母奶中的脂肪含量为55%，所以幼鲸的生长速度十分快。灰鲸的哺乳期约为9个月，雌鲸在产仔后就拒绝与雄鲸接触了，雄鲸只能寻觅其他未产仔的雌鲸交配。因此，一头雌鲸大约每隔一年才能繁殖一次。在温暖的水域，鲸的食物通常较匮乏，因此成年鲸会在生育时禁食，等待幼鲸长大，再带着它踏上北上的路去觅食，但路线与南下时不同，从夏季的索饵场所到冬季的繁殖场所之间的往返距离大约为18000多千米。

灰鲸虽然庞大，但性情却很温顺，从不伤人。游泳速度较缓慢，一般为每小时3海里～4海里（1海里＝1.852千米），最快也不超过7～8海里，但却有十分活跃的行为：常会将头垂直抬出水面，窥看四周，一般认为灰鲸借此动作来观看好奇的事物；有时灰鲸干脆将尾鳍放在海床上；或将尾巴扬起，拍击水面；或跃身跳起，入水时激起大量的浪花，一般会连跃2～3次，也曾有连跃20次的纪录。一些灰鲸特别喜欢发出一种“哼哼”声，每小时大约发出50次左右，每次持续2秒钟左右，频率范围在20赫兹～200赫兹之间，强度可达160分贝。人们对它发声的原因尚不清楚，有人认为是回声定位或者群体成员之间交流的信号，也有人认为是对暴风雨、地震等自然现象的本能反应，也可能是它们对于“失恋”的叹息，或者是一种愤懑和发泄。

十三、座头鲸

座头鲸的头很大，约占体长的三分之一，这也是它名字的起源。成年的座头鲸体长可达15米，重6吨左右。它很会唱歌，歌声优美动听，于是人们又称它“水下歌唱家”。这种巨大的海洋动物在海中已经歌唱了几千万年，只是近百年内人们才注意到它的歌声，才学会倾听。

在动物世界里，喜欢唱歌的都是些鸟儿，它们的歌声美妙，但是鸟儿唱歌会时不时地停下来，很难坚持一段时间。座头鲸是一气唱下来的，可以连着唱几小时甚至十几小时。这种连续唱歌的能力是什么动物也比不了的。科学家对座头鲸的歌声也非常着迷，把它录下，然后放慢频率分析，结果发现座头鲸的频谱结构很像作曲家所谱写的乐曲。座头鲸的歌声好像长长的叙事诗，整个长诗又分为几个章节，每个章节又由若干个乐段组成，乐段又由很多“音节”组成，歌声时而悄声细语，情意绵绵；时而高昂浑厚，气势宏大，听起来好像在举行一场盛大的交响乐。

科学家们认为，座头鲸歌唱不是简单的唱，主要是用来求偶或是传递信息。科学家们还发现，不是所有座头鲸都唱歌，只有雄性的座头鲸才唱歌，雌鲸一般是不唱歌的。所以人们又把座头鲸的歌声与小伙子向姑娘求爱所唱的情歌相提并论起来。座头鲸的歌也像人的歌

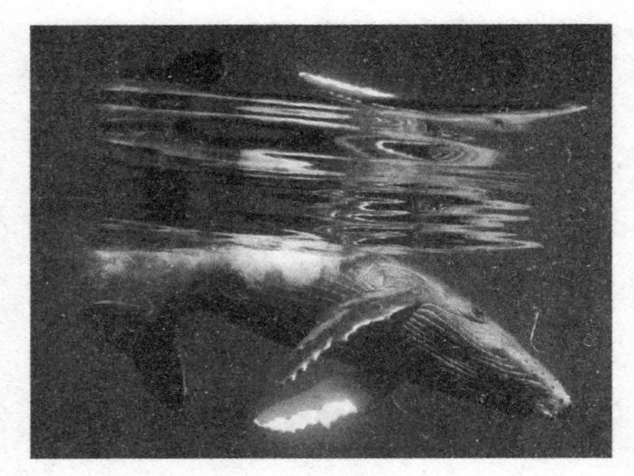

座头鲸

一样有着特定的“方言”，某个海域内的鲸只能听懂本海域的鲸歌，而听不懂相距很远、另一个海域的“鲸歌”。非常有趣的是，鲸唱歌时其主题也是变化的，一头鲸前一年的主题会跟下一年的主题有着很大的区别，这一点也有些像人类的流行歌曲，年年有新式样。

座头鲸的音域十分宽广，超过了人类发出的音域范围。它们巨大的肺活量使得发声能持续很长时间。最让人惊奇的是，座头鲸对人类制造的音乐也很感兴趣。有人曾在充气的小艇上对着座头鲸吹奏起长笛，座头鲸就随着笛声低声地吟唱起来，似乎与吹奏手对歌。

其他的鲸类也可以唱歌，如灰鲸、虎鲸等，只是歌声不如座头鲸的绵长动人。

十四、虎鲸

鲸分为好多种，一些鲸的性情非常温和，以小鱼、小虾为食，不会主动攻击；一些鲸性情比较暴戾，喜欢杀戮。虎鲸就是鲸类中最为凶猛的一种。

虎鲸又叫杀人鲸，属于齿鲸类。它的背部有高耸的呈三角形的鳍，状如倒置的矛，因此又被称作逆戟鲸。如果发现鲸鱼的眼后部和背鳍后部各有一个醒目的大白斑，就一定是虎鲸，这是它身份的独特标志。

虎鲸平均体长8米左右，背黑、腹白，界限分明。在鲸类中，8米的身材是很小的，可是虎鲸有着强大的牙齿，游泳速度极快，所以它的攻击力极强，能横行于地球上的各个海域，在海洋中几乎没有什么敌手。虎鲸杀戮成性，平时以吃鱼最多，也吃海豚、海豹、海狗、海象等海兽，甚至包括体重是它几十倍的蓝鲸。说它是鲸类中的恶魔，一点也不过分。

凡是目睹过虎鲸捕食情景的人，都会为其残忍而震惊，同时，人们也会被虎鲸出色的集体合作精神而折服。虎鲸一般是聚群生活的，一个群体中约有20～30头虎鲸，好像狼群一般。海豚是虎鲸从来不肯放过的猎物，当它们发现有海豚群时，就迅速进入战斗状态，像一支训练有素的军队一样将队伍一字排开，然后在海豚群毫无觉察的情况下迅速形成伞形包围圈。等到海豚发现天敌时，一切已经太晚了。海豚也想突围，但有组织的几次努力失败后，它们灰心了，相互靠拢在一起想从同伴身上获取力量。然而，这一举动正好帮了虎鲸的忙。虎鲸对于即将到嘴的美食，并不急于进攻，而是沿着螺旋形的轨迹绕着海豚一圈圈地游弋，一步步地缩小包围圈。当包围圈缩小到一定程度时，它们就突然发起冲锋来，先是一条虎鲸像猛虎捕食般地

虎鲸

冲进圈内，连撕带咬地杀死几条紧靠在一起的海豚，然后迅速地带着猎物回到圈外。其他虎鲸布阵在外，严密防范，防止海豚趁乱逃脱。随后，另一只虎鲸紧接着冲入豚群，再杀死几头海豚并带出圈外。经过一次次的轮番攻击，包围圈内的海豚几乎无一幸免，全部成了虎鲸的美餐。虎鲸的这种团队猎杀透着它们的聪明，更像是强者在弱者面前的表演。

成群的虎鲸也经常进攻体重达百吨的其他鲸类，上演经典的"以小胜大"的好戏，世界上最大的动物蓝鲸也逃不过虎鲸锐利的牙齿。

尽管虎鲸凶狠残暴，但它们天性聪明，可以驯服，有时候甚至成为人类的朋友。在澳大利亚新南威尔士沿岸的一个海湾，那里的渔民捕鲸作业持续了100余年，虎鲸在这里深受渔民的喜爱。每年，当座头鲸洄游途经湾外海域时，有些虎鲸迅速游到湾内，在捕鲸基地附近跳跃、嬉戏，好像通风报信一般，以引起人们的注意。渔民们看到这些，立刻组织捕鲸船启航。虎鲸充当向导，在前面引导船只驶向猎捕的目标。此时，另一些虎鲸担当起看守，不让座头鲸跑掉，等待着捕鲸者对准猎物开炮。当座头鲸被炮击中后，虎鲸又帮助人们将它制服。当人们捕到座头鲸后，允许虎鲸把死鲸的舌头吃掉，以示对它们的报酬。天长日久，海湾的捕鲸人对常来的虎鲸都已经熟悉了，并给它们一一送上名字。人们对虎鲸充满了友谊，在这里伤害虎鲸被认为是罪恶的行径。

虎鲸

在其他地方，人们还借助虎鲸的威力驱赶危害渔业的其他海兽。比如当灰鲸渔业区，人们一播放事先录制好的虎鲸叫声，灰鲸便吓得失魂落魄，立刻掉头逃窜。美国卡塔里纳岛的附近海域，是头足类的乌贼产卵地，领航鲸和海豹经常到这里来偷袭，捕食乌贼，危害渔业，当地渔民恨之入骨。渔民想了许多办法保护乌贼正常产卵，每次遇上偷猎者或将其赶走，或者将其杀死，但即便这样也不能完全奏效。后来，在生物学家的指导下，将虎鲸的声音录制下来，只要发现“偷猎者”，就即刻播放虎鲸的声音，“偷猎者”一听虎鲸的声音就立即落荒而逃，再也不敢靠近。这样既避免了许多海兽无辜被杀，又保护了重要的渔业资源。

有些国家还别出心裁，训练虎鲸代替人打捞海底遗物。这一行动获得了不小的成功。人们还设想将来有一天能把虎鲸训练成海底牧场的警犬，帮助人们放养，如果真能这样，该有多好啊！

十五、白鲸

白鲸，顾名思义，身体是白色的，它们的背部没有鳍，因此有人亲切地称呼它们“没有背鳍的海豚”。世界上绝大多数白鲸生活在北极和亚北极的海域中，也会进入河流入海口甚至江河中。

白鲸的体色随年龄不同而变化，不是生下来就是白色。出生时，白鲸的身体呈暗灰色，以后逐渐变成灰、淡灰及带有蓝色调的白色，当长到4～9岁性成熟时，就会变成纯白色，看上去洁白无瑕。在成长过程中，白鲸身体部位颜色变化速度也有差异，背部、头部、喷水孔、眼、尾鳍和胸鳍部分的皮肤变白的速度较快。

白鲸好奇心很强，没事时总爱将脑袋伸出水面，颈部自由转动，或点头或转头，模样煞是讨人喜欢。有意思的是，白鲸还能够改变前额和嘴唇的形状，做出各种面部表情，或呈微笑状，或呈皱眉状，或呈吹口哨状……如此丰富的面部表情，或许跟它们顽皮的天性有关。

白鲸可以单独或结群猎食，摄食的种类包括各种鱼类、甲壳类、软体动物等。若是单独觅食，它们之间不会离得很远，彼此保持着0.3千米～1.0千米的距离。为什么会这样，可能是为了遇到突发事情时彼此有个照应，便于结群。若结群猎食，它们往往先绕着鱼群游动，迫使受惊的鱼群向中间聚焦，待它们认为时机成熟了，然后一个个轮流着到中央饱餐一顿。吃食物时，白鲸往往是直接吞下去，不咀嚼。

每年夏季，白鲸会集结成群，小的群体有5头～20头，多的则数百或成千上万头，浩浩荡荡地游向河口三角洲。白鲸此行有一个重要的目的，就是要完成蜕皮、繁殖后代和摄取足够多的食物来越冬。路上它们依然不改顽皮的本色，一边游玩，一边不停地表演，平时冷清的海湾、河口、三角洲顿时热闹异常。也有个别白鲸显得特立独行，喜欢独来独往。据记载，个别白鲸会独自南下，一路无拘无束地游上几千米，曾在我国的黑龙江入海口和苏格兰福斯河口出现。1966年，一头白鲸竟顺莱茵河一路游荡，参观杜塞多夫、科隆，再访波恩，路程有400多千米，总共耗时一个多月。人们发现它后，一路上许多人都来看热闹，或在小船上，或在岸上观赏。这甚至成为当时轰动性的新闻。

白鲸成群结队地由大海游向冰融的河道，刚到时，由于在海中生活的一年中，身上裹满了一层黄绿色的海藻，并有许多寄生虫寄生在皮肤上，因此显得肮脏不堪。接下来白鲸随潮汐上了浅滩，就开始蜕皮，一是让白皙的皮肤露出来，二是摆脱那些可恶的寄生虫。蜕皮的方法就是用身体在河底下或浅水滩的沙砾和沙石上不停摩擦，利用粗糙的石头表面将老旧的皮清理掉。蜕皮的响声很大，在水中可以清楚地听到“咔嗒”“噼啪”等摩擦声。这也是个耗时且痛苦的行为，有时一天要持续摩擦上几个小时，一连数天才能彻底完成。

蜕皮时，也是白鲸最为危险的时刻，因为北极熊会趁机赶到这里，对白鲸进行猎杀。白鲸困陷浅滩，毫无招架之力。还好，蜕皮只要几天时间，等这几天的痛苦和威胁过去，它们就可以露出光鲜亮丽的皮肤，长时间过着没有寄生虫的日子了。

雄鲸的性成熟期在8岁～9岁，雌鲸在4岁～7岁。白鲸会在海湾、河口三角洲或浅水区成双结对，通过身体不同部位的触摸来表达爱慕之情，情投意合后，完成交配活动。通常一头雄鲸能和多头雌鲸交

白鲸

配。怀孕的时间约14～15个月，每两三年生产一次，生双胞胎的机会很少。白鲸体长约3米～5米大小，体重约400千克～1500千克，而出生的幼鲸体长1.5米～1.6米，重80千克左右。母鲸在喂食幼鲸时，游得非常慢，小白鲸用上颚和舌头含住母亲腹下的乳头，乳汁就会流进嘴里。母乳的营养很丰富，脂肪、蛋白质很充足。新生第一年，小鲸鱼只以母乳为食。等牙齿长出后，就可以增加食物的种类，如虾和小鱼。哺乳期约为2年。成长期间，小鲸会从母亲那里学习生存的本领。自然条件下的白鲸寿命为30岁～40岁。

1535年，法国探险家雅克·卡提尔在远航时发现圣劳伦斯河，恰好船队周围有许多只白鲸，这些白鲸在水中载歌载舞，歌声悠扬动听，响彻数千米以外，令船上的人惊叹不已，白鲸从此也有了一个美丽的称呼：海洋中的金丝雀。当时人们只知道欣赏声音，不能记录下来。直到1974年，加拿大海洋生物学家才首次记录下了白鲸的声音，它们的声音变化非常大，如猛兽的吼声、牛的哞哞声、猪的呼噜声、马嘶声、鸟儿的吱吱声、女人的尖叫声、病人的呻吟声、婴孩的哭泣声、铰链声、铃声、汽船声……真是五花八门，应有尽有。此外，白鲸还可以发出“咔嗒”“砰”等声音。

在自然界，白鲸的主要天敌是虎鲸和北极熊。白鲸容易陷在冰层中，成为北极熊唾手可得的猎物。一些白鲸身体上留有伤疤，即是被北极熊、虎鲸等天敌捕捉不成而留下的。可事实上，虎鲸和北极熊只能捕猎极少数量的白鲸，被捕猎的基本上多为老弱病残者，对白鲸的生存没有任何威胁。

人类是白鲸的最大敌人，自从17世纪以来，由于捕鲸的高额利润，捕鲸者对白鲸进行了疯狂的捕杀，致使白鲸数量锐减。早期捕鲸者主要捉北极露脊鲸，后来北极露脊鲸的数量急剧下降，于是捕鲸者把目标转向了白鲸。仅1883年，在兰开斯特海峡和巴芬岛就捕杀了2736头。1910年又在同一地捕杀了700多头，直到绝大多数白鲸在这里消失后，捕鲸者才扬长而去。更加可悲的是，白鲸的生态环境遭到毁灭性的破坏，使一批批白鲸相继死亡。科学家们经过解剖白鲸的尸体才找到了死因：白鲸受一系列有毒物质汞、镉、锌、铅、锡、铝、铁等的侵害，其免疫系统遭到严重的破坏，有些白鲸患上了胃溃疡、肝炎、肺脓肿等疾病，更有甚者，有的白鲸患了膀胱癌、子宫癌等绝症。更令科学家担心的是，有些病毒已经侵入白鲸的基因系统，为后代的生长繁殖带来了麻烦。看来，为了白鲸这种可爱的海洋动物，人类真该好好反思自己的行为了。

十六、海豚

在鲸类王国里，要数海豚家族最为兴旺了，全世界已知共有30多种。有些虽然叫鲸，如虎鲸、伪虎鲸等，其实也是海豚家族中的成员。

人们常把动物世界最聪明的动物归类于猴子。如果从大脑与身体的比重来看，人类排在第一位，海豚是第二，猴子只能算第三。从种种智力实验来看，一种技能，猴子一般要经上百次训练才能学会，而海豚仅需几十次就可掌握了。所以，现在科学家认为，海豚比猴子更聪明、更有智慧。正是因为海豚聪明，所以海豚往往被人训练成演艺明星，进驻海洋馆的水族池内，做着各种各样小孩子们津津乐道的精彩表演。

除了能进行精彩的表演，博得观众一笑外，海豚还有很多特殊的本领，甚至以救人为乐。1964年，日本“南阳丸”渔轮在野岛崎沿岸不幸沉没，船上的10名船员中6名当场丧生，其余4名落水后一直与汹涌的海浪搏斗，数小时后一个个累得筋疲力尽，性命垂危。就在这万分危急之时，有两只海豚赶来，它们把身子往下一沉一抬，每个海豚背上驮起两名船员，游了足有近60千米，直到岸边，然后身子一顶，将落水者一个个顶上岸。船员得救了，这两只可爱的海豚又从容不迫地返回了大海。

海豚为什么能有这么“高尚”的品格呢？科学家深感兴趣，对此展开大量的研究。他们从海豚的生理生态入手，反复研究后终于得出了较为一致的观点。我们知道，鲸鱼可分作两大类，一类是齿鲸，一类为须鲸。小型的齿鲸被人们统称为海豚，所以说海豚是世界上最大型动物鲸鱼家庭中最小型的成员。

海豚

海豚用肺呼吸，初生的海豚自己不善于浮出水面呼吸，弄不好会被水呛或被海水淹死。海豚母亲为了保住自己的幼仔，便用自己的吻轻轻地一次一次把仔海豚推出水面呼吸，有时或用牙齿叼住仔豚的胸鳍，把它送到水面，直到小海豚能自己呼吸为止。这个过程就像人类学游泳一样。久而久之，小海豚受母亲行为的感染，就逐渐养成了一种本能的习惯，把凡是水中不积极运动的东西都努力托出水面。这就是世界上发现多起海豚救援落水人员的原因。海豚做托物的运动时是下意识的，是习惯的结果，没有好坏之分，所以有时候它们也会犯错误。有人曾把一条小鲨鱼与海豚共栖，海豚竟连续好几次把这头年幼的鲨鱼托出水面，结果导致幼鲨死亡。

海豚除了能救助人类之外，

有时还甘当一位义务引水员。一百多年前，航行在南太平洋的船只常因没有优良港湾而苦恼。1880年，这里忽然出现了一只海豚，它总是喜欢在船头前方游动。船长命令船只跟随这只海豚，结果在它的带领下，船只畅通无阻地开辟了一个又一个优良港湾。这位优秀的“引水员”非常努力，而且称职，竟连续为各国海员卓有成效地工作了32年之久，直到1912年方才见不到它。无独有偶，在新西兰北部的汉蒲港也出现了另一只海豚引水员，它积极地为人类服务，被当地人所熟知。有一天这只海豚突然死亡，引起全城轰动，从各地发出的吊唁信、电报如雪片似的传来。当地人为了表彰它的功绩，用新西兰国旗为它裹身，举行了隆重的葬礼，还特意为它建造了一座铜雕纪念碑。

海豚有时还是渔民的好帮手呢！新西兰沿海的渔民有套捕鱼虾的方法，他们把特制的灯泡放入水中，大量的鱼虾便顺着灯光的诱惑赶来。过不了多久，成群的海豚出现了，它们截住鱼虾的退落，不让它们跑散。这时渔民们便下网捕鱼，往往有惊人的收获。澳大利亚的一些土著民族，在捕捞鱼群时常持鱼叉奋力击冰，阵阵水声很快就诱来大批海豚，它们把大批鱼群赶入渔民设置的网内。海豚为什么会听见声音就赶过来呢？因为鱼叉击水声很像鲵鲣科鱼群发出的声音，而海豚十分喜爱吃鲵鲣鱼，于是就帮了渔民的大忙。想想，人类驯化野狗，让它看家护院，如果哪一天再将海豚驯化，到时利用海豚在水下牧鱼将是多么了不起的事情啊！

对于海豚的研究，科学家花了不少心血。例如海豚的皮肤，就曾引起不少科学家的注目。在浩瀚的海洋上，海豚的游泳速度令人瞠目结舌，每小时可达70千米，几乎与普通火车等速，短距离冲刺可达每小时100千米，这就相当于鱼雷的速度了。是什么给了海豚这种高速的本领呢？起初人们认为是它那流线型的体型在起作用，人们模拟建造了一个流线型的人造海豚，它与真正的海豚完全一样，奇怪的是模拟海豚的速度还不到真海豚的一半，看来流线型并非是决定快速的主要原因。再几经研究发现，支持海豚高速快进的真正原因，是它那特殊的皮肤结构。海豚的皮肤里外有三层，第一层是非常光滑柔软的表皮层，第二层是有无数乳头状的真皮层，第三层是很厚的脂肪层，富有弹性。有了这三层皮肤，海豚能够感知水的压力，能顺从水的压力而波动，从而大大地减少了阻力。这三层皮肤结构，加以流线型的体型，便让它成为高速运动的健将。

海豚皮肤构造的这一发现，给科学家提供了借鉴意义，如今在船舶、飞机、火箭等重要领域都得到了相应的应用。例如为了减少气体、液体在管道中流动时产生过大的摩擦力，套上或粘上相应的柔软物质，就可大大减少阻力，提高经济效益。

十七、中华白海豚

中华白海豚是世界上最为濒危的海洋生物之一，也是中国海洋鲸豚中唯一的国家一级保护动物，和淡水中的白鳍豚、陆上的大熊猫、华南虎等都属同一保护级别，因而人们称之为“海上大熊猫”“海上国宝”。

1637年，探险家彼得文迪途经中国香港、澳门和珠江口水域时，发现“海豚百余，牛奶白或淡红色”，这是首次对中华白海豚的报道。1757年，瑞士人奥斯北目睹了中华白海豚在其船前嬉戏游玩的情景，并将其命名为“中华白海豚”，这个名字一直沿用至今。

在厦门，中华白海豚多在春天成群结队地来到九龙江水域，这段时期正好接近妈祖生日，渔民便认为它们是朝拜妈祖而来，因此称其为“妈祖鱼”。同时，又因为它们出现的时候，一般都风平浪静，且没有咬人的鲨鱼出现，所以又被称为“镇江鱼”。

清朝初期，广东珠江口一带地区的人们，称中华白海豚为“卢亭”，也有渔民称之为“白忌”和“海猪”。人们认为中华白海豚是一些遇难失踪的船员转世投胎的，故而有此一说。

中华白海豚性情活泼，多栖息在岸边较浅的水域，很少游入深海，并在不同的地方进行不同的活动。在休息或游玩时，它们会聚集到靠近沙滩的海湾；在捕食的时候，它们习惯出现在浅水及多岩石的地方，有时多达20头。中华白海豚非常聪明，在拖网渔船操作的时候，常跟随渔船之后，抢食漏网之鱼，更有胆大的会直接钻入网内，饱餐一顿。偷吃往往要付出惨重的代价，不少中华白海豚被渔网缠住或被捕到船上。但每年有多少中华白海豚被误捕或因误捕而致死，目前尚缺乏完整的资料。

涨潮时是中华白海豚捕食的最佳时间，而每天的黎明和黄昏是它们活动最频繁的阶段。中华白海豚的食物主要是生活在海湾的小动物，如鲻科和石首鱼科的鱼类、乌贼和虾类等。中华白海豚性情活泼，常三五头在一起，或者单独活动。在风和日丽的天气，常在水面跳跃嬉戏，有时甚至将全身跃出水面近1米高。它们游泳的速度很快，有时可达每小时约23海里（1海里＝1.852千米）以上。呼吸的时间间隔很不规律，有时为3～5秒，有时为10～20秒，有时则长达1～2分钟。

中华白海豚体长2.5米左右，体重约235千克，身体浑圆，呈优美的流线型体态，眼睛乌黑发亮。每年的六七月份，达到性成熟的中华白海豚在水中交配，雌豚的怀孕期为10个月左右，于次年3～4月产仔。初生的小海豚重约10千克，长约90厘米，通常一胎一仔，哺乳期为6个月。寿命可高达50岁。中华白海豚出生时，全身深灰色，随着逐渐长大，颜色发生显著变化，通常由背鳍开始，向头尾两边褪减，到成年时就变成白色或粉红色，十分漂亮。

中华白海豚以前在长江口以南至北部湾都有分布，20世纪60年代在厦门港随时可见。20世纪80年代后，由于渔船捕捞，海上工程以及水质污染等原因，中华白海豚的生存受到严重的威胁，数量迅速减少。为了保护中华白海豚，香港政

中华白海豚

府在龙鼓洲水域首先建立了海岸公园保护区。与此相呼应，1997年8月，在中华白海豚的主要栖息地之一的福建省厦门市，也建立了一个总面积为5500公顷(1公顷＝1万平方米)的以保护中华白海豚为主的自然保护区。目前，我国已经形成了珠江口（包括香港）、厦门鼓浪屿、台湾西海岸、广西四地，湛江为第五个种群区，其中珠江口的中华白海豚数量最多，有1000多头。

十八、海豹

海豹是一个大家族，种类众多，约有34种，总计约3500万头，在全世界都有分布。大多数海豹偏爱在寒冷的水域中生活。它们有着厚厚的脂肪层，即使在冰水中也感觉不到寒冷。所以海豹们最喜欢在南极和北极生活。

海豹和海象一样，也属于鳍脚类，但跟海象有着很明显的差异。海豹的两只后鳍脚永远是向后伸着的，不能向前弯曲。这就决定了它们不可能用后鳍脚在陆地上借力行走，只能靠身体的来回蠕动向前走。所以，大部分海豹在陆地和冰面上行动迟缓，非常笨拙。可是，一旦它们下到海里，情况立刻来了个180度大转弯，海豹变得异常灵活。海豹有着很好的流线型身材，它们大部分时间都生活在水中，游泳时两只后鳍脚左右摆动，就像潜水员的两只脚蹼，推动身体迅速前进。海豹的游泳速度很快，可达每小时38千米。海豹的潜水时间一般在五六分钟，最长可达半个小时。它可以潜到数百米深。潜水时它们会像人一样把鼻孔紧紧关闭，并且耗氧很少，心跳降到每分钟4～15次。

南极是海豹种类、数量最多的地方。南极海豹中以食蟹海豹数量最多，约占总数的80%～97%，分布最密的地方平均每平方千米可见到上百只。食蟹海豹以磷虾为食，吃食时上下颌并拢，齿就成了过滤器官。它们喜欢成群在冰上活动，有时还袭击人类。

豹形海豹在南极的数量仅次于食蟹海豹，它们凶狠残忍，除了吃鱼和乌贼外，还捕食企鹅和其他海鸟，甚至还袭击其他的海豹。科学家曾检查过死掉的豹形海豹，在它们的胃里发现了海狮和海豹的躯体。豹形海豹脾气很暴躁，还会对人发起攻击。

数量上排在第三位的是威德尔海豹。这类海豹的身体粗重，喜欢生活在和南极大陆相连的固定冰上，在所有的海豹中的威德尔海豹分布最靠南。冬季它们在水下度过，并用牙齿在冰上钻洞以进行呼吸。它们的潜水能力在海豹中是佼佼者。

南极的象形海豹是海豹家族中的巨人。雄的体长可达6.5米，重约4吨。雌的也有3米多长，重400千克～500千克。最特殊的是它们的鼻子，可以长到40厘米长，当海豹兴奋或发怒时，它的鼻子还会膨胀起来，这时候就更像大象的鼻子，所以人们叫它象形海豹。象形海豹身体呈灰褐色，看起来总是脏兮兮的。每年换毛季节它们成群集中在岸边的泥坑中，在那里消磨时光，并把那里弄得臭不可闻。

海豹

象形海豹在南极的春天进行繁殖，实行的是“一夫多妻”制。8月中旬，雄兽开始上陆，吼叫着在岸边徘徊，这是它们吸收雌海豹的手段。接着雌海豹也上岸了，每头雄兽和20头左右的雌兽组成一个生殖群。为了争夺雌兽，雄兽间经常大打出手，战斗时它们先大声吼叫来威胁对方，接着就挺起前身靠后肢支撑着身躯，使出全力扑向对手。雄海豹还会不顾一切地在雌海豹群中互相追逐，根本不顾及四周的小海豹，所以许多小兽会受伤或死亡。雌海豚之间也经常发生争吵，小海豹也会因此受到伤害，所以小海豚的死亡率很高。象形海豹原来的数量是很多的，由于人类的捕杀，数量迅速减少，现在已面临绝种的危险。

我国的海域中也生活着海豹。在我国的北方海域，特别是渤海的辽东湾，每年冬季有很长的冰期，从11月中旬到次年3月中旬，长达

130天左右。这期间，海豹就来到这里，进行繁殖生育。我国北方海域中出现的海豹一般为斑海豹，仅有1.5米～2米长，最大的雄性个体也仅重约50千克，雌海豹还要略小一些，重约20千克。它们最主要的特征是身上长着一些灰白色的圆点，跟斑点狗似的，看起来很招人喜爱，所以它们是水族馆中的常驻居民。斑海豹若加以训练会表演很多节目，可以玩球，还可以钻火圈，即使是在池子里游泳，也很吸引人。有时它们也爬到池边的礁石上，这时它们的动作就显得格外笨拙，爬行起来非常有趣，常逗得观众哈哈大笑。斑海豹喜欢吃鱼和头足类，它们的食量很大，一头海豹一天能吃鱼接近10千克。

小海豹在每年的初春时节出生，这时每个雌海豹的身边都躺着一只幼海豹，看起来也是其乐融融。小海豹刚生下来是有7千克～10千克，全身柔弱无力，它们身上披着厚厚的白色绒毛，所以又叫“白海豹崽”。小海豹躺在冰上，衬以白冰为背景，远看像冰，近看似雪，不易发现。它的父母对它照顾得很精心。海豹妈妈只给自己的孩子哺乳，每天要喂多次。小海豹数量很多，而且到处乱爬，海豹妈妈凭着声音能够找到自己的孩子。在海豹妈妈给自己孩子喂奶时，有不知趣的小海豹走过来的话，海豹妈妈会毫不客气地把它赶走。小海豹吃的奶中脂肪含量非常丰富，不到1个月的哺乳期过后，幼崽可长到50千克左右。这时小海豹会把身上那层蓬松且柔软的绒毛褪掉，换上短而硬的粗毛，这种毛不容易淋湿，不妨碍游泳，它们可以下水了。哺乳期过后海豹妈妈已经变得骨瘦如柴了，这时它们不得不离开自己的孩子到海里去捕鱼吃，以增加营养恢复身体，准备下一次的交配和生产。刚断奶的小海豹由于找不到足够的东西吃往往会变得很瘦，皮下脂肪层大大减少。正因为如此，也培养了海豹忍饥挨饿的本领，小海豹甚至几十天吃不到东西也不会饿死。

海豹皮质坚韧，可与牛皮相媲美，鞣制后可以做成衣服、皮鞋、帽子和皮包等。海豹皮下厚厚的脂肪也是好东西，它能够炼出油

雪中行走的——海豹

脂来，用来点灯照明，或者制造肥皂。过去，因纽特人以及早期的辽宁省复县、长兴岛、武岛等地的居民，他们点灯用的全是海豹油。海豹肉营养价值很高，是因纽特人的主要食物。雄海豹的睾丸、阴茎和精索俗称海狗肾，更是名贵的中药材，在健脑补肾、生精、补血、壮阳等方面发挥着不俗的功效。海豹的肠衣可以制成提琴和吉他的琴弦，是上佳的材料。海豹的肝脏含有丰富的维生素，是名贵的滋补品。所以，海豹全身是宝，这也使它一直以来成为人们捕猎的对象。

每年春天，当海豹离水上岸时，也正是捕猎海豹的季节。不少船只远涉重洋，来到南极猎捕海豹，食蟹海豹、威德尔海豹等都是被猎杀对象。当捕猎队在岸上或小岛上发现海豹的栖息地后，就像发现金矿一样兴奋，接着杀戮就开始了。在19世纪初，仅一个季节就从南乔治亚岛获得112000张海豹皮。这种毫无限制的滥捕，致使海豹数量大减。为了保护南极海豹资源，国际上成立了南极海豹保护协会，并将南极划分为6个轮换猎捕区，当1个猎捕区开放时，其余5个都受到保护。

十九、海象

海象属于鳍脚类动物，与海狮、海豹是近亲，两枚长长的獠牙伸出唇外，才使它们获得了“海象”这个称呼。海象是最大的鳍脚类动物，雄兽足有4米多长，4～5吨重，雌兽略小一些，也有3米多长，600多千克重。

海象皮很厚，而且生出许多皱。它们的全身披满了短而稀疏的刚毛，体色棕灰，没有尾巴。头部很小，脑子仅有1千克重，眼睛不大，是个近视眼。上嘴唇很厚，上面长满了又长又硬的触毛。这些触毛感觉非常灵敏，可以用来探索食物。

海象有着厚厚的皮下脂肪，其具有良好的保暖性能，所以它们喜寒不喜热，主要生长在常年积雪、寒气逼人的北极海域。在太平洋中和大西洋中，也生活着少量的海象。海象喜欢在近岸生活，很少远离陆地和大冰块。平时三五头海象一起生活，偶尔也会聚集成数百头的大群。它们很懒散，大部分时间躺在冰上或陆地上睡懒觉，只有饿了的时候才跳入水中，到海底寻找一些它们喜欢吃的生物充饥。

海象身材大，力气也大，这让许多动物都不敢招惹它。杀戮成性的虎鲸在水中很厉害了吧，可它们遇到海象也不敢轻易发动进攻。发怒起来的海象更厉害，可以轻松地将一头成年北极熊驱逐得远远的。海象虽然力气很大，但是大脑进化得不够，没有什么智慧，所以天性怯懦，稍有风吹草动便落荒而逃。当海象睡觉时，往往会有一头海象担任警戒，负责同伴的安全。海象的嗅觉和听觉非常灵敏，当觉察到有危险接近的时候，便立即发出如公牛般的吼声，这吼声有两种作用，一是唤醒同伴，二是向来敌示威。如果不吼叫，它便用獠牙碰醒身边的伙伴，并依靠这个方法将警报顺次传递下去。海象的后鳍脚与海豹的不同，能向前弯曲，所以它们能在陆地上行走。可是肥胖的身体也给它们带来不便，使它们在冰上爬行的时候显得异常的笨拙，就像一只滚动的肉布袋。一旦下了水，海象马上就表现得非常灵活。游泳速度最高可达每小时25千米。潜水是它们的优势，可以潜入90米深的海底，每次潜水时间可达30多分钟。它们最喜欢吃的食物是乌蛤，有时也会调一下口味，弄些虾、蟹以及各种蠕虫

海象

来吃。

海象的两枚巨大的獠牙是有作用的，不是摆设。当它们在海底觅食时，獠牙就像两把大铲子，频频地翻开泥沙，然后用敏感而灵活的嘴唇和触须去探试、辨别。海象是掘地能手，一次掘地200平方米左右。找到食物后，海象先用臼齿把壳咬碎，再将壳里的软体部分吸食进去。它们的胃很大，可以盛很多食物，人们曾在一头海象胃里发现60千克未消化的食物。当海象在海底找不到食物时，也会捕食大的海兽，如海豹和一角鲸等，在雄海象的胃里经常会发现海豹的残渣。有趣的是，它们在捕食这些海兽时并不是用獠牙，而是用鳍将猎物抱住，压在水底下淹死。

海象在水中交配，一头雌海象每两三年才产一头小海象。母海象的孕期很长，大约需要一年的时间。小海象出生在春天，刚一生出来就有一米多长，重50多千克。它们出生时身上披满了棕色的绒毛，这层绒毛的保暖功能很强，在小海象皮下脂肪还没长厚实以前帮助它们抵御北国的风寒。

小海象的哺乳期为一年，哺乳期间母海象与小海象形影不离。母海象去哪里，小海象就去哪里，它往往骑在妈妈的背上出行，或妈妈用鳍紧抱住它的脖子。断奶以后，小海象的獠牙尚未长成，它还不能获得足够的食物，所以这时候还要跟随母海象生活2～3年的时间。这段时间里，如果小海象被捕象船捉到，母海象会不惜冒着生命危险奋起营救，有时还会攻击捕象船；如果母海象被捕，小海象则会一直叫着寻找母亲，有时竟跟踪捕象船几天不肯离去。这也是动物间的母子情深吧！

海象的皮很厚，是制革的原料。皮下脂肪厚15厘米，可以用来炼油，一头成年的海象能炼油300多千克。炼出来的海象油质地优良，既可食用，又可做工业原料。海象的肉也可以食用，有点像牛肉的味道。最令人感兴趣的还是海象的牙齿。海象的牙齿是非常珍贵的，就像陆地上的大象的牙齿一样受人追捧，可用于雕刻精美的工艺品。19世纪90年代，每年运往旧金山的海象牙多达一万枚，英美两国还把海象牙送到中国出售。直到现在海象牙仍然是国际市场上的畅销货。

海象身上有如此众多的东西可以被人类利用，人类自然不会放过它们。算起来，人类猎捕海象已达上千年，近百年来仅在白令海就捕获数百万头。海象在生命受到威胁的时刻，往往也会跟捕杀者决一死战，表现得异常勇敢。可是，再怎么样，也改变不了它们被捕杀的命运。正是在这种大肆捕杀下，海象面临绝种的危险，数量急剧减少。近几年来，人类将海象列为限捕对象，海象的种群有所恢复。现在，如果坐船在北冰洋近海做环行航行，沿途会看到不少海象在冰上睡觉呢。

二十、海狮

海狮也是一种海洋鳍脚类，世界上共有十几种。它们的后脚没有像海豹一样完全退化，能向前弯曲，可以支撑海狮在陆地上灵活地行走，又能像狗一样蹲在地上。多

嬉戏中的海象

数种类的海狮脖子上长满了鬃状的长毛，这一点很像狮子，再加上它们的吼声也像狮子，所以人们把它们叫作海狮。

海狮的胡子很特别，有独特的作用。胡子根部的神经非常复杂，也非常敏感，稍微一碰就可以感知物体。同时，胡子还可以接受声音，具有声音感受器的作用。当海狮发出叫声后，声音会传出去，碰到物体又传回来，传回来的声音就是靠胡子来接收定位的。所以，海狮的这套回声定位系统与海豚的不相上下。

跟海豚一样，海狮的智商也很高，是水族馆中的明星。它的记忆力也很强，学会了的本事很长时间不会忘掉。正是因为海狮有着这样的独特本领，有些国家的海军便着手训练它们，把它们培养成海洋工作或军事上的得力助手。

海狮是水陆两栖动物，它们在陆地上交配、产仔和育儿。不管它们生活在哪个海区，到了生殖季节都会返回到出生地去，哪怕是在千里之外。这种品质在人类眼中是非常好的，人不是很多时候都在恋着故乡吗？海狮属于多配偶动物。繁殖季节一到，健壮的雄海狮便登陆海岸，选好繁殖场，划好自己的地界，安心等待着雌海狮的到来。一周后，雌海狮陆续上陆了。这些雌海狮都是大腹便便的，怀着前一年交配后的胎儿。雌海狮上陆后就进入了雄海狮们占好了的地盘，一般10～20头雌海狮和一头雄海狮生活在一起，组成一个临时大家庭。在生物学把这种“大家庭”叫作生殖群或多雌群。通常情况下，雄海狮越是强壮，它的家庭成员就越多。几天后，雌海狮产下小海狮。产后的雌海狮还没休息几天，雄海狮就又向它们求爱了。在一个生殖季节里，一头雌海狮会交配1～3次，一旦受孕成功就自动退出生殖群，让后面的雌海狮补充它们的位置。生殖季节里，雄海狮一旦上岸就不再下海，不吃也不喝地完成交配任务。一头雄海狮每天交配30多次，每次持续15分钟左右。它们完全靠体内积存的脂肪来维持其巨大的消耗。

由于一头雄海狮占领了很多头雌海狮，在繁殖场上就会出现一些游荡的雄海狮。它们一遍遍地在生殖群外徘徊，有的经常趁着当家的雄海狮不注意，去勾引雌海狮。一旦被发现，打斗就不可避免地发生了。打斗的结果是：身强力壮的雄海狮拥有交配雌海狮的机会和权利，它们强壮的遗传基因得以传递给后代，有利于种族的进化，保证海狮的后代一代比一代更强。生殖期结束后，雄海狮们已经非常疲劳，遣散海狮群后，跳下海各奔东西。此后，它们天各一方，难得相遇。为了使种族繁衍下去，它们又在来年的生殖季节集中上岸，集中交配。

雌海狮产仔很容易，整个过程仅用10分钟左右，很少见到难产现象。一般情况下一胎只生一个仔。初生的小海狮只有5千克左右，披着又厚又密的保暖性很好的绒毛，刚一生下来就能睁眼，能爬动。它们跟母海狮待在一起，母海狮想换地方的时候，就把小海狮叼到嘴里带走。海狮的乳汁很浓，脂肪含量高达52%，是牛奶的4～5倍，所以海狮哺乳次数很少，两天甚至一周才哺乳一次。小海狮在雌海狮的精心养护下，长得很快。雌海狮产下小海狮后第五周就要下海捕鱼了，把孩子丢在海狮群中。此后每2～3天，甚至10天才回来一次。可是，它们怎么才能在熙熙攘攘的海狮群中找到自己的孩子呢？研究发现，母海狮上岸后先是发出高声连叫声，小海狮听到母亲的声音立即高声答应，并急切地朝着母亲叫唤的地方爬动，而母亲也赶紧地向小海狮迎过去。尽管繁殖场上狮声鼎沸，它们在相距很远的地方也能相互分辨得出来。显然，母海狮和自己的孩子之间建立起了一套独特的声音分辨系统。当母子靠近以后，它们还互相嗅对方的气味，待确认无疑后就开始喂奶了。

母海狮只关心自己的孩子，对其他的小海狮则缺乏同情心。如果小海狮饿急了还是等不到自己的母

海狮

亲，就会向其他的母海狮要奶吃，但别的母海狮是绝情的，会气势汹汹地将它赶跑。小海狮识趣地走开还好，若来不及走开的话，那就惨了，母海狮就会用牙齿把它叼起来，向远处抛去。这种情况如果被小海狮的妈妈看到了，双方肯定少不了一场恶斗。平时两头母海狮打架，也常拿对方的孩子出气，它们会寻机将对手的孩子推下山崖。这时吵架马上就停止了，因为母海狮得赶紧去找自己的孩子，找到后会给孩子喂奶，进行一番安抚。

繁殖期结束后，肥胖的小海狮换上了新毛，就跟着母亲一起下海了。小海狮需要3～5年的时间才能性成熟，这期间它们大部分时间将在海上度过，性成熟后才会加到生殖群中。海狮的寿命大约30岁。

海狮的饭量非常大，主要以鱼类、乌贼为食。在水族馆中，一头成年的雄海狮一天大约可吃掉40千克鱼。如果是那些生活在极圈内的海狮，相信它们的食量会更大，是在水族馆中的2～3倍，因为它们的活动量大，能量消耗更多。

海狮有时候也很霸道，当它们闯入渔民的定置网具时，就像一伙打家劫舍的土匪，大吃一通，不仅把鱼吃得干干净净，还把网具给弄乱、弄坏，所以渔民对它们没有好感，认为它们是偷嘴吃的贼。

二十一、企鹅

说到企鹅，人们既熟悉又陌生。在电影或电视中它们总是出现，影视中经常有这样的镜头：企鹅身着黑白相间的燕尾服，像绅士一样，一摇一摆地从冰上成群走过，那样子实在是惹人喜爱。

为什么叫“企鹅”这个名字呢？一些历史学家说它起源于西班牙语，航海家曾赐予大海鸦的名称——潘戈，意思是“胖子”。这种海鸟长得很像企鹅，现已绝迹。另一些历史学家认为，它起源于威尔士语“潘昆”，意思是“白头鸟”，这是布列顿和威尔士渔民们为企鹅起的名称。这些历史学家分成了两派，各有各的说法，谁也说不服谁，一直争论到现在。

企鹅在陆地上的行走速度较慢，与人步行同速。人每步可以迈出50厘米～60厘米，而企鹅每步只能迈出约20厘米，所以它们的步速相当快，人迈出一步时它们已经走3步了，走路的基本功堪称一流。走得时间长了，企鹅也会疲劳，这时它们就让腿休息，改用肥肥的胸部滑行，以此来节省时间和精力。

最早认识发现企鹅的，应该是一些远洋探险家。他们乘船开拓航道，来到南极后就见到这种可爱的动物。刚见到企鹅时，探险家们摸不清企鹅是鱼类还是鸟类。它们外观像鸟，可是既不会飞，又离不开水。确切地说吧，它们属于游泳海鸟。说到游泳，有人会问：企鹅是用脚来游泳吗？不是的。企鹅是借助坚硬的翅膀来划水，脚掌是控制方向用的，起到船舵的功能。企鹅翅膀、脚并用，在水中可任意变换方向，或潜水、或浮游，随心所欲，游泳速度每小时可达5千米~15千米。企鹅游泳时，每隔两三分钟浮出水面呼吸一次。有的种类不是这样的，如皇企鹅，它们可以潜游18分钟左右，然后再浮到水面上呼吸一次。不管怎么说，企鹅是位技艺高超的潜游专家。

企鹅

企鹅全身为两种颜色，上黑下白。从上往下看它，极像暗黑色的南大洋海水；从下向上看，又酷似海水折射后的阳光，很难辨认。这种肤色不是无缘无故的，是自然进化的结果，能保护企鹅避开海豹、鲨鱼及海豚的捕食。

鸟儿能在空中飞翔，是因为它们的骨骼是中空的，以减轻起飞重量，更好地飞行。企鹅的骨骼则是实心的，所以它们不能像鸟儿似的飞行，但是实心的骨骼也有一好处，就是增加体重，有利于潜水。

地球的极圈海域终年寒冷，冰天雪地，企鹅如何保暖呢？它们有一身细密且坚韧的羽毛，鱼鳞状的，一层一层地叠压在一起，织成一件厚实的紧身羽绒服，将身体包裹得严严实实，起到藏温保暖的作用。厚厚的皮下脂肪又是上等的保暖、绝热材料。当气温非常低的时候，企鹅就把它的羽绒服收得紧紧的，挡风御寒；当气温升到零度以上时，它们就竖起羽毛，散热降温。

企鹅类大约4千万年前就已经出现了，那时的它们可能会飞翔。后来，随着翅膀的逐渐退化，企鹅也就失去了飞翔的能力。如今，人们看不到会飞的企鹅可能会有些遗憾，可这是自然进化的力量，无法违背，企鹅能活到现在，其生命力足够顽强。另外，人们在考古过程中，发掘出2500万年前的企鹅化石，发现那时的企鹅要比现在的企鹅高大得多，身高约5英尺半，体重达150千克～200千克，比我们普通人还要重得多。

来到企鹅的聚居地，活像光临身披黑白羽毛的小人国。只见一只只企鹅身体直立，一对翅膀垂在身体两侧，一步三摇地走着，宛如怡然自得的绅士！当然，企鹅性情不一，会忙着它们自己的事情，比如有的谈情说爱，不停地向异性献殷勤；有的胆小怕事，对同伴的欺辱一味躲避；有的蛮横霸道，时刻找碴儿；有的不务正业，偷偷摸摸。

企鹅在海鸟中种类最多，有17种之多。它们有的生活在白雪皑皑的冰天雪地之中，有的生活在温暖的亚热带地区。在华氏零下76度的寒区，它们能够适应；在华氏零上100度的亚热带地区，它们也能适应。企鹅分布的地区从南极冰区一直延伸到福尔克兰兹的绿色牧场，从新西兰树木葱茏的峡湾一直到加拉帕戈斯长满仙人掌的海边。它们对气候的适应性最强，其他鸟类没法跟它们比。

企鹅的繁殖是相当艰辛的，需要提前大半年做准备。南极是个冰雪世界，尽管也有夏季，但在夏季，仍到处漂着浮冰。企鹅成群结队地涌向大陆沿岸的海水中，捕食海中的各种有壳类小生物和鱼，以增加营养，累积脂肪。它们要努力地捕食吃，吃得越多、吃得越胖越好，这是为日后的繁殖打下基础。

来年的3月底和4月初，饱食了一个夏天的企鹅个个养得肥肥胖胖的，开始登上冰岸，排成长长的队伍，蹒跚地向着远离大海的生育

舐犊情深的企鹅

点进发，雌雄企鹅结伴而行。在南极企鹅中，几乎所有的企鹅的配偶都是一生忠贞不渝。它们扭动着身体蹒跚而行，不断地鸣叫，通过声音寻找自己的伴侣，并进行交配。六个星期后，它们到达了远离大海150多千米的内陆生育点，然后静静地等待着生儿育女时刻的到来。

5月份，雌企鹅产卵的时间到来。产卵时，雄企鹅十分专注，目不转睛地盯着雌企鹅，急切地等待着企鹅蛋的出现。当雌企鹅终于生下一个大约500克重的蛋时，雄企鹅立即迅速地用弯曲的喙把蛋卷到自己的脚上，放入两腿之间的肚囊里，用那肚囊下丰满暖和的羽毛把蛋保护起来。这是非常有必要的，否则几分钟之内企鹅蛋就会被冻成一个冰团。生蛋这一过程会消耗雌企鹅大量的体力，让它们筋疲力尽。生完蛋后，雌企鹅便纷纷告别雄企鹅，去大海觅食。

孵化小企鹅是雄企鹅的任务，这也算是企鹅夫妻之间的分工协作吧。雄企鹅为了让自己的子女顺利出生，用它们的肚囊紧紧地裹住蛋，生怕其掉出来。孵化过程是沉闷的，所以雄企鹅会时不时地梳理自己的羽毛，消遣一下。企鹅蛋如果在这时滚落出来，它会迅速把蛋叼起重新放到肚囊里，以防把蛋冻坏或被其他企鹅抢去。

整个孵化工作需要两个月的时间。这两个月正是冬季南极最寒冷的时期，到处一片漆黑，暴风雪肆虐。雄企鹅几乎不吃不喝，靠消耗身体积存的脂肪来度日。为了保暖，它们会挤在一起，或躲在遮挡物后面躲避风寒。经过两个月苦苦煎熬，终于迎来了小企鹅的破壳而出。当小企鹅挣扎着想要出来的时候，雄企鹅便发出轻微地呻吟，用喙把小家伙露在外面的部分推进肚囊里，让小企鹅在肚囊里暖暖和和地住上一两天。

雄企鹅在长时间的孵化过程

中也消耗了很大体力，体重减轻一半，肚子空空的。当碎蛋壳从肚囊中掉出来时，饿极了的雄企鹅会立即把它吃掉。尽管雄企鹅很饿，但还需从胃中分泌出营养液来喂养小企鹅，就这样在饥饿和寒冷中煎熬着，等待着雌企鹅的到来。

我国科学家在南极阿德雷半岛上考察时发现，企鹅多是在迎风的高处做窝，这里的风雪十分大。难道它们不怕风吹吗？暴露在风雪中不怕寒冷吗？其实，企鹅在迎风处建窝是经过深思熟虑的，迎风处不会积留雪片，风会将雪片迅速吹走，这样企鹅蛋也就不会被雪埋掉。当猛烈的风雪横扫大地时，成千上万的企鹅眯着眼睛，瑟缩着挤在一起，用自己浓密羽毛的身体保护着腹下的小生命，这情景实在令人感动。

直到7月，雌企鹅才在黑暗中回到了生育点。这时的雌企鹅也贮足了能量来准备哺乳小企鹅。通过彼此之间的呼唤，雌企鹅轻易地找到自己的丈夫和儿女。在几秒钟之内，小企鹅就从雄企鹅肚囊中钻进了雌企鹅的肚囊。而这时的雄企鹅可以安心离开，重回大海觅食。

雄企鹅走后，雌企鹅又担负起哺育子女的重任。它每天从胃中吐出一点食物喂小企鹅，而自己只靠自身的脂肪度日。两个月后，小企鹅能离开雌企鹅的肚囊了，此时，南极的夏季又重新回来了。雌雄企鹅们可以自由地到海里去捕食，给小企鹅带回的食物就更多了。在父母的交替喂养下，小企鹅六个月后

规整有序的队伍

发育得胖墩墩的，黑白相间，甚是可爱。它们都长大了，能够随父母下海捕食了，父母终于不用再那么辛苦。

企鹅是南极大陆最顽强的生存者，是南极冰原真正的主人。

二十二、南非企鹅

企鹅有很多种，它们生活在不同的地带，彼此之间保持着一定的差异。南非企鹅就是企鹅中的一种，它们主要分布在非洲南部和西南的沿海岛屿上。

开普敦是南非的第二大城市，在这座城市的西北方约50千米的海面上，有一座叫达森岛的小岛，岛上就住满了企鹅。这时的企鹅跟生活在南极的企鹅比起来，就是小矮子，它们长到成年时身高也不过40厘米，体重不过3千克，可以称得上微型企鹅，或者是企鹅家族的侏儒。南非的企鹅尽管体格小，但保留有企鹅家族华贵漂亮的外表，拥有洁白的胸羽和黝黑的翅膀。与南极企鹅稍显不同的是，它们的腿部是黑色的，所以有人又把它们叫作黑腿企鹅。尽管南非企鹅的数量已经今非昔比，但现在达森岛上仍然聚集着15万～30万只，可以称得上是企鹅的幸福家园了。

地处非洲最南端的南非不同于冰天雪地的南极，南非企鹅不用承受南极肆虐的暴风雪和寒冷漫长的黑夜，日子要好过得多，也幸福得多。海里面有着丰富的鱼虾，它们饥饿时可以下到海里去捕食，生活悠闲而自在。但是，繁殖季节一到，它们就变得焦躁不安起来，开始不停地寻找配偶，向对方传情达意，示爱。一旦找到中意的对象，又会激动得煽动双翅拍打两侧，同时欢快地大声叫嚷，似乎表示“我们定亲了”，就此组成新家庭。南非企鹅算是生物界忠于爱情的典范了，一旦结为夫妇，将终生相随，白头到老。

一旦确定夫妻关系，企鹅夫妇便一起在地上挖一个不深的坑，建造家园。这个简单的家要陪伴它们十几年，它们待在那里下蛋、孵化，养育小企鹅。通常，一只成年雌企鹅每年产两三只蛋，产完蛋后，企鹅夫妇会轮流下海捕鱼，轮流孵卵。孵化的时间不会太长，有五六个星期小企鹅就出壳了。刚出壳的小企鹅一个个光秃秃的，十分的难看。做父母的，哪怕孩子长得再丑，也是看着自家的孩子漂亮。企鹅夫妇会充满爱意地照顾孩子，精心给它喂食，盼着它快快长大。

南非有种叫贼鸥的鸟，其名字带有“贼”字，听起来十分不雅致，可是它们确实是贼。贼鸥是南非企鹅的天敌，它们生活在南非企鹅的周围，瞅准机会就偷窃企鹅的蛋。这种厚颜无耻的做法很令企鹅们恼火，可是也没有办法，只得提醒自己多加小心。据专家观察，被盗走的企鹅蛋占总数的一半左右，这也就意味着许多小企鹅在没有出生前就已经夭折了。但是大自然有着自己的平衡法则，企鹅的数量从来没有因为与贼鸥为邻而减少过。但是到了20世纪，当人类的足迹踏上了这片南非海域中的小岛，一切都改变了。人们登岛后，发现企鹅的蛋味道鲜美，比起鸡蛋、鹅蛋要好吃得多，便生了贪心，毫无节制地收采企鹅蛋，把它们送到开普敦的餐馆卖钱，供人食用；同时挖走企鹅的粪便，做种植园的肥料。于是，南非企鹅的数量锐减。19世纪前，数百万计的南非企鹅在非洲南部沿海一带的岛上繁衍生息，而如今只剩下达森岛这唯一的企鹅王国了。

随着社会的发展，南非政府越来越认识到保护环境对人类生存的意义，南非企鹅开始受到关注，并

南非企鹅

加入被保护行列。收集企鹅蛋的活动被禁止，南非企鹅的巢穴也受到保护，就连企鹅粪也不得随意采集了。如今在南非的达森岛上，人们仍旧可以观赏到一群群当地企鹅沿着小路，或在岸边漫步，或像箭一般地扑向大海的迷人景象。

二十三、北极熊

北极地区生活着许多动物，而最具有代表性的当属北极熊。世界其他地方没有北极熊，它们只生活在北极，活动范围在北极沿岸及浮冰区，从不往南去。夏季，人们到北极点附近的冰原上，就可能看到北极熊的出没，运气好点的话，甚至还会看到母熊带着小熊出行。

地球上熊有8种，如棕熊、亚洲黑熊、懒熊、北极熊等，其中北极熊的身材最大，其也是陆地上生活的最大的猛兽之一，体重可达一吨左右。北极熊全身长着厚厚的白毛，就连耳朵和脚掌也包得严严实实的，一点也不露，只有鼻子尖一点地方是黑的，所以人们又叫它白熊。

北极熊以捕食海洋中的动物为生，这要求它具有非常好的游泳技能和海中捕食本领。为了适应水环境，它的体型在不断地进化，跟森林里生活的熊已有很大的差别。北极熊的脑袋狭小，身体长扁，呈流线型，脖子长而灵活，两只眼睛长在头的上端。最大的特色在熊掌上，它的熊掌宽大且肥厚，在冰原上奔跑起来稳当，不会打滑、摔跤；下海后还可当水桨用，划起水来非常快。与其他的熊一样，北极熊原来也是在陆地上生活的，由于北极地区到处是冰雪，陆地上很难抓到动物填饱肚皮，只得慢慢下到海里去捕食，最终成为习惯。

有时，北极熊为了吃顿饱饭，不惜冒着暴风雪长途奔波，在冰海上行数千千米。实际上，它们的食物几乎就一种——海豹。冬天，海豹生活在冰海下，为了在冰面下换气，它们会用牙齿在冰上凿一个不大的换气孔。北极熊找到换气孔后，会在孔旁边连续地守上几小时，一动也不动，静静地等候。当海豹从换气孔中露出水面透气时，北极熊会以迅雷不及掩耳之势扑上去，用肥厚的熊掌抓住海豹并将其拖出海面。由于换气孔比较小，海豹被生拉活拽出来时，肋骨和盆骨有时都被冰挤坏了。由捕食可以看出，北极熊不仅具有超强的耐力，而且还是个大力士。

对于北极熊来说，春天是一段愉快的日子。海豹们都跑到岸上或冰面上来产仔，北极熊再捉它们就非常容易了。北极熊发现猎物后，利用冰块来掩护自己，一点点地向猎物靠近，最后一个猛扑将猎物逮住。捕食过程透着北极熊的聪明，它会伪装自己。吃完海豹大餐后，北极熊会很享受地躺在冰面上大睡一觉，睡醒了再到处游荡。一般情况下，北极熊只吃海豹的脂肪，其余的部分留给了北极其他的动物，例如北极狐、白鸥、乌鸦等。这些小动物好像北极熊的小弟，跟着大哥有饱饭吃。

北极熊

北极熊的食量很大，也很贪吃，一次可以吃下70千克左右的肉。当食物丰富的时候，它们猛吃一阵，将食物以脂肪的形式储存在身体里面。等到挨饿、没食物可吃时，就会慢慢地消耗体内的脂肪。看来，世界上很多动物都有“抗饥荒预案”。跟其他寒冷地区的熊类一样，北极熊也有“入蛰”的时候。在入蛰期间，它们几乎不吃东西，只是呼呼大睡。所不同的是，北极熊的“入蜇”不像其他动物那么有规律，它在任何季节里都可以长睡，冬眠和夏眠是很正常的。

雄性北极熊5岁、雌性4岁即可达到性成熟。当它们到了性成熟的年纪，便会结婚生子，繁衍后代。恋爱是在春天进行的，一只公熊和一只母熊在冰原上相遇了，经过最初的接触产生好感，即一道四处漫游度蜜月。途中，它们会互相关照，彼此表现出对对方的倾心和眷恋。体态较小的母熊总是走在前面，体格粗壮的公熊紧跟在后，一前一后，双方相差不过三五步。想想，两只北极熊在冰天雪地中漫步，是多么浪漫和温馨啊！公熊有时会表现出点大男子主义来，会欺负比它弱小的母熊，把母熊咬得鲜血淋漓，但大部分时候它们还是温柔相待的。发情期间，如果两只公熊相遇就麻烦了，必然会有一场恶斗，它们会为了争夺配偶打得你死我活。母熊对这场因自己而起的战争，表现得漠不关心，只是安静地等在一旁，等待着当胜利者的新娘。在自然界里，没有哪种生物的雌性个体会可怜弱者，这是铁的规律。它们总是选择最强壮的雄性作为自己的丈夫，作为未来孩子的父亲，只有这样才能生出优秀的下一代，种族才能不断得以进化。

北极熊的蜜月期大约有半个月的时间，长的可达1个月。短暂的蜜月过后，它们就各奔东西，不再一块儿生活。母熊的怀孕期为9个月，每年10～12月是母熊的分娩期。当孩子快要出生时，母熊会离开浮冰上岸，在大雪堆中挖一个洞，洞里通常有好几个居室。洞挖好后，它会住到洞里，安心生产。为了保持洞内的温度，北极熊会把洞口缩小成一个窄口。此时正是北极的隆冬时节，洞外滴水成

觅食的北极熊

冰，而洞里的温度能达到20摄氏度左右。一般情况下，北极熊一胎只产2仔，少数情况下能产3仔或者1仔。新生下来的北极熊只有小猪崽那么大，浑身软绵绵的，没有一点儿力气；身上没有毛，光秃秃的；眼睛是闭着的，还无法观察四周的世界；耳朵也听不到声音。谁能想到，这么柔弱的小家伙将来会成为北极的王者。

在整个冬天，母熊都待在洞里面不出来，也不吃东西，全靠体内储存的脂肪营养维持生命和哺育幼崽。北极熊的奶汁营养丰富，含有大量的油脂，而且口味也很好，有点像榛子的味道。幼崽吃着妈妈的奶长得很快，3个月～4个月就能长到15千克～20千克重。这时，北极的春天来临，熊妈妈便带着小家伙

走出洞外，呼吸一下新鲜的空气，晒下太阳。幼熊一般在母亲身边待两年左右，以后就离开妈妈自食其力了。

北极熊的寿命较长，在食物充足的情况下，它们可以活到40岁，它们在20岁～25岁的时候仍能生育。除了在怀孕和哺育幼崽期间它们住进洞里，其他时间一般不进入洞穴睡觉，而是找食物吃。即使是没有阳光的北极长夜里，许多北极熊仍然喜欢在没有尽头的冰原上四处游荡。

二十四、南极贼鸥

在南极乔治岛上，生活着一种极其凶顽强悍的稀有鸟类——南极贼鸥。听到这个名字，就可以猜个八九不离十，它不是什么好鸟儿。确实，它喜欢偷盗和抢劫，性本恶，所以被冠名贼鸥。

南极贼鸥是鸥鸟大家庭中的一个分支，外形略大于普通海鸥，羽毛多呈黑色，一对眼睛圆圆的，放着寒光，习惯于成双结对的雌雄并栖，不像其他鸟类那样与同族群居，或与它族杂居。

贼鸥好像天生就是当土匪的料儿。它好吃懒做，自己从来不垒窝筑巢，看到其他鸟的窝，就会强行攻进去，把窝里的鸟儿赶跑，自己当主人。抢占别的鸟儿的巢窝不算，它还抢夺食物。吃饱喝足后，它就蹲伏不动，慢慢地打发时光。南极的企鹅常常是贼鸥的行凶对象。在企鹅的繁殖季节，贼鸥经常出其不意地袭击，抢企鹅的蛋，或者杀死雏企鹅，闹得企鹅群惶惶不可终日。

懒惰成性的贼鸥也有优点，就是它不挑食，只要能填饱肚子就可以，像鱼、虾、鸟蛋、幼鸟、海豹的尸体等都是它的美餐，甚至有时连鸟兽的粪便它们也吃。南极科学考察者有时候不小心，缺乏对所带的食物的管理，贼鸥会趁机将猪肉、鸡蛋等叼走，或者扔得满地都是，弄得人们一点脾气也没有。可不要试图报复它，否则它会从空中垂直俯冲下来，对人又是抓，又是叼，甚至还向人们头上拉屎，一次袭击完毕还不肯离去，叽叽喳喳地在头顶上乱飞，随时准备下轮攻击。此时人们明智的做法是：用厚厚的连衣帽紧紧裹住自己的脑袋，迅速退缩，避开贼鸥的攻击。当然，贼鸥一般不会主动袭击人类，只要你不做出侵犯它们的举动，哪怕你只隔它两三米远，它们也会熟视无睹，毫不介意。

贼就是贼，容许自己打劫别人，却不容许别人侵占自己的地盘。南极贼鸥领地意识极强，外族一旦侵入它们的势力圈范围，便会立刻与之发生殊死的战斗，丝毫不手软。在乔治岛上，常会发现多种鸟类的尸骨残骸，显然，它们多是贼鸥所为。

贼鸥多在海岛上空飞翔，一般不到海面上活动，有时为追捕食物，也会飞到离岸不远的上空与猎物展开围旋。毫无疑问，贼鸥的飞行能力很强，其展翼翱翔的姿势剽悍暴烈，勇猛无比，否则，贼鸥不能在环境条件极差的南极生存。乔治岛上的鸟类几乎无一能与之匹敌。

目前，南极贼鸥数量极少，为了不让它们灭绝，国际有关组织采取了各种严格的保护措施。在乔治岛，贼鸥是严禁猎杀的，违者将会受到严厉地惩罚。同时，各国科考人员为了研究它们的生活习性和活动规律，给它们中的大多数进行了“实名注册”，在小贼鸥刚孵出的时候，给它们套上脚圈，作为标识。

二十五、海鸥

海鸥，是鸥鸟的一种，也是人们最常见的海鸟。生活在海边的人，可以天天见到成群的海鸥漂浮在水面上，或游泳嬉戏，或觅食。有时它们飞掠海面，或者搏击长空，给人以无限的遐思。

舰船在无边无际、烟波浩渺的洋面上航行时，海鸥们常常在船不远处追逐飞翔，忽高忽低，与船“形影不离”。海鸥的这一举动是在与船上的人打招呼，解决人们航行的寂寞，还是为了与船比速度呢？这种有趣的现象引起科学家们的注意研究，发现海鸥是带着目的绕船飞行的。舰船前进时形成的一股股上升气流，海鸥借着这股气流能毫不费力地展开双翅，稳稳地托住自己轻巧的身体，滑翔在舰船上空；飞行省力的同时，它们在空中可以轻易发现海面上被舰船螺旋桨打得晕头转向的小鱼虾，迅速飞下去拣食，可谓一举两得。海鸥飞累了，或者吃饱了，想找个落脚儿的地方歇一下，船的甲板上就是不错的选择，所以它们会毫无顾忌地到船上“做客”。船上的人对这些朝夕相随的海鸥是有感情的，几乎从不伤害它们，任由它们光临甲板上。

海鸥绕船飞行，对船也有益处。海鸥喜欢结群生活，“相亲相近水中鸥”就是诗人杜甫对海鸥和谐的群居生活的赞美。由于人们与海鸥在海洋上“和平共处”“人爱鸟，鸟知情”，海鸥便是海员、水兵的忠实朋友。对舰船来说，一旦在航行中发生触礁、沉船等不测，海鸥会马上集成一大群，在失事舰船上空大声吼叫，以引导救援舰船来援救。

二战期间，德国用潜艇封锁英伦三岛，发现英国出行的船只，立刻击沉，给英国造成了很大的威胁。当时反潜技术还很弱，英国海军为了对付德国的潜艇，请海鸥来帮忙，训练它们作为发现潜艇的“报警器”，对德国潜艇进行精确定位。他们利用海鸥喜欢跟随舰船，捡食舰船给它们带来的美味佳肴的习性，通过潜水艇在水下不同层次，不断地向海面施放食物，引诱成群的海鸥前来争食。经过一段时间的训练，海鸥形成条件反射，只要发现水下有黑影在运动，就会在海面上空尾随盘旋，期望食物浮上水面。英国沿海岛屿上的观察哨只要发现海鸥活动异常，就可判断出水下有情况，立即组织反潜部队出动，对德军进行攻击。由于海鸥在二战中屡立战功，英国人对海鸥有着深厚的感情，并立法保护海鸥。

海鸥还是海上的“天气预报员”。有经验的船员会观察海鸥的飞行高低来判断天气的好坏。当海鸥贴近海面飞行时，那么未来的天气将是晴好的；当海鸥沿着海边徘徊时，那么天气将会逐渐变坏；当海鸥成群结队地由大海远处飞向海边，或者聚集在沙滩上、岩石缝里时，则预示着暴风雨即将到来。海鸥之所以能预见天气的好坏，是因为它有一大一小两个“气压表”。

海鸥

大的就是海鸥的骨骼，其骨骼是空心管状的，没有骨髓而充满空气，当暴风雨来临前，骨骼管内就会产生压力变化，从而告知海鸥赶紧躲避。小的“气压表”是海鸥翅膀上的一根根空心羽毛管，它们能灵敏地感觉大气气压的变化。

海鸥身姿健美，特别是身体下部的羽毛就像雪一样晶莹洁白，惹人喜爱。在20世纪50年代，欧美上层社会的贵妇人总喜欢用它们来装饰帽子。这样一来，海鸥的白羽毛成为奇货，不少贪心的人四处捕杀海鸥，致使海鸥濒临灭种的危险。幸运的是，当时英国波士顿一个生物研究所的几位女研究员意识到了海鸥灭种的危机，她们以身作则，通过报纸等宣传渠道，呼吁保护海鸥，放弃用海鸥的羽毛做装饰品。许多上层开明妇女也加入进来，提倡保护海鸥，最终引起全世界的重视。如今，在美国马萨诸塞州有一个保护海鸥的协会，专门从事海鸥保护和研究工作，海鸥“家族”遂得以逐年恢复生机，繁衍生息。

近几年来，我国很注意环境保护，同时爱鸟的宣传得以大力推广，来我国海域、湖区“安家落户”的海鸥数量逐年增多。“人惜鸟，鸟恋人”，但愿这种人鸟和谐的关系永远得以发展。

二十六、海鳄

现代的鳄类，其远祖生活在中生代，是恐龙的近亲。估算下来，鳄类生活到现在已有上亿年的历史。不过，时间对它们影响好像不大，一亿多年以来鳄类变化不大，很有“祖风”，因此它们成了研究古代恐龙的好材料，称学家称它们为“活化石”。

现在世界上的鳄约为23种，除两种生活在淡水环境以外，其余都生活在沿海的海湾、河口一带。常见的鳄有两种，一种是“西鳄”，分布很广，在南美、中美都有。另一种是“湾鳄”，多分布在东南亚地区。鳄类最大体长可达10米以上。

与海洋哺乳类动物一样，鳄也是潜水能手，可以在海水中自由活动，甚至在海底潜伏数小时也不会被溺死。一位挪威科学工作者对鳄类进行了长期研究，认为鳄之所以能长时间潜水，是因为它能精确地调节储存在血液中氧气的消耗。每当鳄潜伏水下时，其心跳每分钟只有2～3次，血流量大大减少，此时其他器官的氧供应几乎中断，只保证脑的供应。

有位英国科学家发现了一个趣事，某些鳄类有吃石头的嗜好。其实，鳄吞石头是为了帮助消化，就像一些家禽时不时吃些砂粒、小碎石来助消化一样。尼罗河鳄就吞吃石块，有时它们为了找寻石块，不得不做长途旅行，看来不是什么石块都能下咽的。一般来说，鳄所吞食的石块约占其体重的百分之一。而那些未吞石块的鳄，其潜水能力不如已吞石块的鳄。因此，石块还起到了“压舱物”的作用，有助于潜泳。

鳄类性情凶暴，常常一动不动地伏在海湾石丛中间，待小动物走近时，突然发动袭击，将其咬住。如果有小船经过它们身边，打扰它们休息，它们也会发动主动攻击。它们的尾巴不仅是游泳工具，也是有力的武器，其奋力一击，常能把小船击翻击沉，到那时人极可能成为它们的口中餐。然而鳄类有一共同的弱点，它们的启颌肌很弱，猎鳄者常利用这个弱点，先按住它们的嘴巴，用绳子等索状物将嘴巴封住，使那满布獠牙的嘴不能张开咬人，然后设法把它们擒获。

鳄虽然很凶恶，但也是有朋友的。在非洲近海一带的鳄鱼，时常从海里爬上岸来，趴在沙滩上静静地晒太阳。这时一群千鸟喧嚣着从天而降，停落在鳄鱼的背上，兴高采烈地跳来跳去，乱踩乱啄。鳄鱼对它们的到来，显得很温顺，任由这些小东西在自己身上折腾。为什么千鸟可以冒犯不可一世的鳄鱼呢？原来鳄鱼长时间待在水中，皮肤上寄生了数不清的小虫，使它们浑身发痒、难受，千鸟落到它们身上就是为吃小虫的。有了千鸟的义务除虫，鳄鱼没有理由发脾气将它们赶走。当皮肤上的小虫被吃得差不多时，鳄鱼还会主动张开嘴巴，让千鸟钻进去啄食寄生在它们嘴里的水蛭和嵌在牙齿缝上的肉屑。千鸟的个头只比麻雀稍大一点，在鳄鱼大嘴里行动自由，机灵敏捷，很快就将鳄鱼的口腔清洁干净。

千鸟不仅能为鳄鱼除虫，而且还是位警惕性十分强的哨兵。它们在鳄鱼背上进餐时，总是警惕地监视着周围环境的变化，一旦发觉情况不妙就立即惊飞起来，同时大声地尖叫着向感觉迟钝的鳄鱼报警。鳄鱼听到警报后，马上钻到水中隐藏起来。由于千鸟的种种好处，鳄鱼视它们为挚友。其实，这是动物界的一种简单的互惠共生现象，鳄鱼与千鸟的关系很像犀牛与犀鸟的关系。

鳄肉可食，皮可制革，做皮包、腰带等，这些鳄鱼制品颇为珍贵，受到富人的追捧。

二十七、海鬣蜥

在厄瓜多尔加拉帕戈斯群岛的海岸上，栖息着一种外貌像史前动物的爬行动物，它们就是海鬣蜥，其是世界上唯一能适应海洋生活的鬣蜥。它们和鱼类一样，能在海里自由自在地游弋。它们喝海水，吃海藻及其他水生植物。

加拉帕戈斯群岛的海鬣蜥共分7种。这种爬行动物的身躯比较长，最长的可达150厘米以上。群

岛东南部的西班牙岛的海鬣蜥长得最为特殊，雄性的身上有红、黄、黑3色相间的斑，腿、足和冠则呈暗绿色，而群岛上其他6种海鬣蜥身上则没有花斑，通身呈绿色或黄色，这成为它们之间重要的区分标志。西班牙岛的雌性鬣蜥产完卵并不马上离开穴，而是待在里面看守自己的卵，直到孵出小鬣蜥为止。其他岛屿的雌性鬣蜥则不然，它们产完卵后，用土把穴口堵上就扬长而去。

海鬣蜥是如何进化来的呢？它们与陆生的鬣蜥是什么关系呢？动物学家认为，加拉帕戈斯群岛的海鬣蜥是由陆生鬣蜥进化而来的，也就是说，一系列的进化让陆生鬣蜥下水了。说是这样说，可进化的过程是漫长的，它们的生理形态发生一系列变化也是必然的。最明显的是，它们的尾巴比陆生鬣蜥的长很多，这使得它们能在水里随心所欲地游动，想去哪里摆动尾巴就好。爪子也比较锋利，而且呈钩状，这样，它们不仅能牢牢地攀附在岸边的岩石上，不被大浪卷走，还能在有大海流的海底稳稳当当地爬来爬去，寻找食物。

加拉帕戈斯群岛的海鬣蜥还具有一些有趣的生理特点。在它们的鼻子与眼睛之间，生长着两个腺，这两个腺是海鬣蜥体内多余盐分的排出通道。体内盐分多了对身体健康有影响，海鬣蜥深知这个道理，所以它们定期进行健康维持，把盐分排掉。更有趣的是，这种爬行动物还能自动调节心律。海鬣蜥下潜时，心律会减慢；升到水面时，心律又加快，恢复到正常状态。调节心律有个好处，就是帮助海鬣蜥躲避鲨鱼的攻击。当鲨鱼来到时，海鬣蜥会立即停止心脏跳动，静静地伏在原地，一动也不动。等鲨鱼走后，它们再浮出水面透气。科学家们曾做过这样有趣的试验，在一只

海鬣蜥

海鬣蜥身上安装一个微型遥控探测器，然后把它放进海里。当科学家从远方向它发出危险信号时，海鬣蜥立即停止心脏跳动，停跳时间竟长达45分钟。

海鬣蜥的皮很坚实，人们认识到了它的价值后，常用它来做精致的皮鞋、皮箱、旅行袋等。尽管这种皮货价格相当昂贵，可依然十分抢手。但是，如此稀少的海鬣蜥还能满足人们的这种愿望吗？

二十八、翻车鱼

在风和日丽的日子里，猫、狗以及小鸟常常会找个舒服的地方晒太阳。在热带和温带的海面上，有一种身体庞大的鱼也经常会躺在海面上，一边悠闲地晒太阳，一边睡大觉。有趣的是，有时海鸥飞来停在它们的身体上休息，海燕飞来啄它们的身体，它们都毫不理睬。这种懒散的鱼叫什么名字？它叫翻车鱼。

其实，翻车鱼只是天气晴好才到海面上躺着，当天气刮起风来或下雨时，它们也会早早地沉落海底躲起来。一般的鱼都是用鳔调节身体的浮力来控制升降的，而翻车鱼则以厚厚的鱼皮和含水较多的肉体来调节浮力。翻车鱼可以潜入很深的海水中，因为在它们的胃里常发现一些深海鱼类。

翻车鱼的身体很大，体长可达3米～3.5米，重达1吨～3.5吨。它们的样子有些滑稽，鱼体高而侧扁，身体的后半部分好像被削掉，只留有前半部分，看不出鱼尾。头很小，眼睛很小，最可笑的是它们的嘴巴也很小，这么大的鱼长着一个像鹦鹉一样的嘴巴，尖尖的。翻车鱼嘴小，又懒，所以没什么资格挑食，一般能吞得下的生物它们都吃，食性很杂，主食为小鱼和小虾。

有人会问：翻车鱼这么古怪的身体，游泳能力怎么样呢？说实话，翻车鱼的游泳能力真的很差。在其背部、腹部各有一片鳍，背部的叫背鳍，高高的竖起，像一张三角开的帆；腹部的叫臀鳍，也很大。可是这两片大鳍即使扇动起来，翻车鱼游得也是很慢，甚至有时候懒得游，任由自己随波逐流。由于它们常在海面上缓缓漂动，好像一段漂动的木头，日本人把它们

翻车鱼

称为“浮木”。又由于它们喜欢在晴朗的日子里浮出水面晒太阳，美国人则把它们叫作“太阳鱼”。而中国人干脆形象地把它们叫作“懒汉鱼”。

翻车鱼尽管身体很大，但骨头多肉少，鱼肉仅仅占体重的十分之一。肉少是少，可是肉鲜美、洁白、细嫩，营养价值极高，台湾渔家称其为“干贝鱼”“新妇啼”等。因为鱼肉中水分含量较高，煮熟后鱼会缩得很小，在新娘子刚过门负责三餐的烹煮时，如果遇到这种情况，会怕婆婆责怪其偷吃，常常暗自流泪叫苦，所以又称“新妇啼”。翻车鱼的肠子很短，但吃起来味道奇佳，又香又脆，令人回味无穷，市场上价格昂贵。台湾有一道名菜“炒龙肠”就是以其鱼肠为主料，辅以其他佐料制成。翻车鱼的皮很厚，可达15厘米，可以用来熬炼鱼油和明胶。19世纪时，渔民会把厚厚的翻车鱼皮用线绳绕成有弹性的球，让孩子拿着玩耍。鱼油是精密仪器的良好润滑剂；鱼肝可以制鱼肝油。总而言之，翻车鱼浑身都是宝。

由于翻车鱼形状怪异，它们也

是水族馆中的宠物。养翻车鱼可不是件简单的事，因为它们是贪图享受的家伙，一旦水池中水的盐度、温度或其他条件令它们不满意时，便会大发雷霆，甚至撞墙自杀。日本的一个水族馆为了防止翻车鱼自杀，将鱼池的四周都用尼龙薄膜护住。翻车鱼自杀不成，也只得活了下来。

最后还应该提及的是，翻车鱼是名副其实的产卵冠军，一条雌鱼一次便可产下3亿粒卵。这么多鱼卵能有多少长成翻车鱼呢？没有多少。一部分鱼卵因不能受精而死亡，一部分鱼卵和孵化出来的幼鱼会被海洋中的天敌吃掉。即使存活下来的幼鱼，它们还会经历很多大风大浪，而风浪也常常要了它们的命。所以，经过种种灾难，最后能长成大鱼的已经少得可怜了。因此，翻车鱼虽然产卵很多，但在海洋中的数量却寥寥无几。

第九章 海洋之谜

一、海洋深处奇异生命之谜

真正的海洋奇观不是别的，而是深海中繁衍的“超级生命”。科学家探险小组簇拥在一艘小型的深潜器上，直潜海底。透过船窗，研究人员清晰地看到，从一个充满熔岩的谷底耸出层层山脉，在一个山顶上竟然从深深裂缝中冒出黑烟。这不就是火山口吗？他们惊喜地叫喊起来。这艘名叫“阿尔文森”的潜水船经验老到，大胆地直驱火山口，迅即使用机械臂将温度计伸入洞口那烟雾腾腾的液体喷泉处。温度计显示400℃以上，那荡漾水汽与几近结冰的海洋形成鲜明的对比，分明是两个世界。此时，最令人震惊的场面出现在人们面前：火山口周围群居着大量的生物，热泉附近的岩石上黏附着无视力的管状蠕虫，一团又一团；海底无数的螃蟹忙碌地爬行着；蛇状的帽贝则吞食着覆盖在岩石上的小细菌。要知道，三年前的一次海底火山喷发曾吞噬了这里的一切生命，这些生命在如此短的时间内便重返家园繁衍生息，令人惊叹不已。

很难想象，这些深海生命在高出海面几百倍压力的黑暗世界中生存，还要与有毒的火山气体浓雾进行斗争，它们吃什么？人们知道，火山气体从大洋中脊下的热点处水下山脉升腾，正是在这些热点处群集着生物。火山喷发时，叫作岩浆的炙热液体岩涌到表面，岩浆堆集为洋脊，并产生热泉。正是在这些海洋热泉中含有十分丰富的化学物质，这些物质是炎热的液体经岩石沥滤获得，以此滋养着海底奇异的生命。在海底生命群落中，细菌可谓食物链的基础。如何将火山口的重要化学物质硫化氢转变成其他生物的营养，这个重任首先由硫化氢杆菌来承担。细菌的不断繁殖，又为其他生物提供了丰厚的食源。有些动物就直接以细菌为食，另一些动物则靠这些细菌在体内将化学物质转化为营养物质，变成食物，就像人体的某些肠道细菌一样。

人们在陆地追踪一次次火山喷发前后的生物繁殖规律，就不是一件容易的事，何况在远离大陆的大洋中脊去探访深海生物。人类首次拜访海洋火山口是在1991年，科学家们冒险潜到远离墨西哥海岸的一个太平洋的洋脊，那次他们到达时根本没有发现任何生命迹象，但找到了生命的遗迹：在一团团巨大的弥漫烟雾的黑水中，偶见似雪花的一缕缕白色死细菌；在熔岩淤泥中找到被灼烧的管状死蠕虫。不用说，这是刚发生的火山喷发毁灭了所有生命。从这次起，研究人员的兴趣日浓，数次探访这一火山口，试图寻求生命的奥秘。令人惊奇的是，火山喷发后仅几个月，他们就看到横行霸道的螃蟹吞食着细菌和被灼烧的管状蠕虫尸体。细菌当然是捷足先登者。火山喷发后一年，几种管状蠕虫便先后到达，其中有长达25厘米的成年蠕虫。到1993年，科学家们再次拜访这个火山口时，发现了长约15米的巨大红白色管状蠕虫，加入这个队伍的还有帽贝、蛤以及其他珍稀生物；1994年，海洋大鱼也光顾了这个肥沃的区域，以小动物为食了。于是，一个奇妙的海底火山口生物群体便应运而生了。

人们疑惑，这些海洋生物为何能如此迅速地找到这块宝地？是它们嗅到了硫化氢的化学气味，赶上了海流而至，还是发现了其他线索？科学家们至今无法解释。

二、鲨鱼群居之谜

以往人们总是认为，在无边无际的海洋里，鲨鱼从来不过成群结队的群栖生活。因为鲨鱼生性残忍，吞食同类。小鲨鱼见到大鲨鱼，一定会逃之夭夭；大鲨鱼遇到小鲨鱼，也会加以追杀，绝不会口下留情。

可是，1977年，在墨西哥湾的美国得克萨斯州沿岸一带，却出现了海洋生物史上罕见的奇观：2000多条大小不一的海上凶神——鲨鱼，群集在24千米长的海域里，不停地游来游去。它们既不凶残地相互厮杀，也不贪婪地吞食弱小，而是和睦相处，显得十分温文尔雅。

为了解释这种奇特的现象，美国海洋研究所的研究人员克拉依姆利于1977年夏天来到墨西哥湾，对得克萨斯州近海的3个鲨鱼群观察研究了一个月，得到了不少有趣的资料。

这些鲨鱼群分别是由30条～225条雌雄相杂的鲨鱼组成，鲨鱼体长为0.9米～34米不等，平均体长为17米。群集的密度较高，一般在距水面0.6米～23米的深度活动，大部分鲨鱼游弋于10米深的水层中。雌鲨鱼在鱼群中占有绝对优势，约为雄性的27倍。

鲨鱼为什么会结集成群，它们为什么不互相残杀而是和平共处？这些都是未解之谜。克拉依姆利提出了一系列假设，来说明鲨鱼集结的原因：或为了交尾，繁殖后代；或为了集体抵御更凶猛的敌害的袭击；集群游动可以减少前进阻力，节省能量；便于找到食物等等。但这些都只是假设而已，假设并不等于事实，真正的原因是什么，仍然是一个谜。

三、深海绿洲存在之谜

万物生长靠太阳。阳光是生物的能量来源，假如没有太阳，地球上所有的生物，包括人类在内，都无法生存下去。但是，这种看法现在似乎需要改变，因为在深海底没有阳光的黑暗世界里，目前已发现存在着生命的绿洲。

前不久，科学家通过深海考察，在太平洋加拉帕戈斯群岛之东南320千米，深度为2600米的海底火山附近，发现有不靠阳光生存的动物。阳光最多能到达海平面下100米～300米，2600米深的海底是一片漆黑，但却有大量长达1米的蠕虫（像水族箱的管虫）和30厘米大的巨蛤。另外，还有一些淡黄色的贻贝和白蟹。

在另一次深海科学考察中，在

离南加利福尼亚277.8千米的海底火山口，深度同是2600米的地方，科学家除了再次发现上述各种生物外，还发现了一种长得很像白鳗的鱼，这便是人类发现的第一种完全不依靠阳光生存的脊椎动物。这两次惊人的发现，引起了科学家们的极大兴趣：在没有阳光的深海世界里，这些生物为什么能生存下来，而且长得越来越旺盛呢？

海底火山口生物存在的奥秘几经科学家研究，终于真相大白。原来，在海底的地壳移动时，产生了海底裂缝，当海水渗入这些裂缝，并在里面循环流动时，水温便升高到350℃左右。热水把附近岩石中的矿物质（主要是硫黄）溶解出来，在高热和压力的作用下，和水反应合成硫化氢，培育出恶臭和有毒的东西，这就是火山口附近一些生物的能量来源。

之所以如此，是因为无论是蠕虫、巨蛤或是贻贝，其消化系统大部分已退化，取而代之的是体内寄生着大量的硫细菌。这些深海生物和硫细菌两者互相依赖，共同生存。一方面，深海生物为硫细菌提供一个稳定的生活环境，以及合成营养的原料（硫化氢、二氧化碳和氧气）；另一方面，硫细菌则通过一连串的化学作用合成营养（碳水化合物）来回报深海生物。这个情况，就好像陆地上植物的叶绿素，进行光合作用合成碳水化合物一样。不同之处，只是高能量的硫化氢取代了阳光。

但是，最令科学家迷惑不解的是，那些深海生物的体内存在着大量硫化氢，却仍能正常生长。硫化氢对生物的毒性并不亚于我们熟悉的氰化物，它能取代氧而和进行呼吸作用的酵素结合，因而能使生物窒息致死。不过，研究人员已查出蠕虫血液里的血红素，它除了有运载氧气的作用外，同时对硫化氢亦有极强的吸附力，从而防止硫化氢与进行呼吸作用的酵素结合，而是直接把硫化氢运往硫细菌寄生的器官中。巨蛤体内则有一种特别分子去运载硫化氢，消除其毒性。至于其他深海生物的硫化氢“解毒”机制，则仍待研究。

目前，对有关深海火山附近生物的了解，虽然仍不完全，但已引起科学家的联想：在一些拥有高能量物质的环境里，例如含硫化氢和甲烷的沼泽，可能存在着类似的生物。由此看来，随着科学的发展，这个没有阳光的黑暗世界，终有一天会展现在我们的眼前。

四、海底世界的奥秘

1979年，科学家们重新回到了加拉帕戈斯群岛，在海底发现了一幅使人眼花缭乱的生物群落图：热泉喷口周围长满红嘴虫，盲目的短颚蟹在附近爬动，海底栖息着大得超乎寻常的褐色蛤和贻贝，海葵像花一样开放，奇异的蒲公英似的管孔虫用丝把自己系留在喷泉附近。最引人注目的是那些耸立的白塑料似的管子，管子有2米～3米长，从中伸出血红色的蠕虫。

科学家们对与众不同的蠕虫做了研究。这些蠕虫没有眼睛，没有肠子，也没有肛门。解剖发现，这些蠕虫是有性繁殖的，很可能是将卵和精子散在水中授精的。它们依靠30多万条触须来吸收水中的氧气和微小的食物颗粒。

科学家们对于喷泉口的生物氧化作用和生长速度特别感兴趣。放化试验表明，喷口附近的蛤每年长大4厘米，生长速度比能活百年的深海小蛤快500倍。这些蠕虫和蛤肉的颜色红得使人吃惊。它们的红颜色是由血红蛋白造成的，它们的血红蛋白对氧有着非凡的亲和力，这可能是对深海缺氧环境的一种适应性。

生物学家们认为，造成深海绿洲这一奇迹的是海底裂谷的热泉。热泉使得附近的水温提高到12℃～17℃，在海底高压和温热下，喷泉中的硫酸盐便会变成硫化氢。这种恶臭的化合物能成为某些细菌新陈代谢的能源。细菌在喷泉口附近迅速繁殖，多达1立方厘米100万个。大量繁殖的细菌又成了较大生物如蠕虫甚至蛤得以维护生命的营养，在喷泉口的悬浮食物要比食饵丰饶的水表还多4倍。这样，来自地球内部的能量维持了一个特殊的生物链。科学家称这一程序为“化学合成”。

科学家们在加拉帕戈斯水下裂谷附近2500米深处的海底一共发现了5个这样的绿洲。全世界海洋中的裂谷长达7.5万多千米，其中有许多热泉喷出口，那么总共会有多少绿洲呢？还会有更多的生物群落出现吗？这些问题不仅关系到人类对海洋的开发，还涉及生命起源这一基础理论课题的研究。

海水中含有多种化学元素，在106种元素中，有80多种可在海水中找到。海底还有丰富的矿藏。人们一向认为，海里的元素和矿藏，都是从陆上来的，是随着河水流入大海的。

然而，科学家们发现，海水中的元素含量是不平衡的，同陆地上相比，锰的比例过高而镁不足。对海底的考察又发现，许多矿床元素在大洋中脊附近最多，往两侧则逐渐递减。这说明海里的元素不光来自陆地。

美国地质学家巴勒特在乘“阿尔文”号潜海调查时，在海底热泉附近发现一座座高3米～7米的海底“烟囱”喷吐着黑色的“浓烟”。“浓烟”实际上是含有高浓度矿物质的高热溶液，“烟囱”本身也是喷出的矿物质遇到海水后冷析而成的。这个发现揭开了海水成分之谜。科学家们提出这样一个设想：深海底部的热泉带出了来自地球深处的矿物质，但海水同样会沿着隙裂渗透到地球内部，估计每隔1000万年～2000万年，海水通过地壳内部循环一次。海底的热液金属矿床，包括铜、锡、银、钴、锌、硫等，以及地球上许多最有价值的矿物沉积层都是由这些携带有金属的热泉水造成的，红海海底金属矿床的富集就是一个典型。在热泉喷口的水中直接取样也证明了在海洋地壳内部的环流期间，海水失去了一部分镁而增加了锰。

初步考察的成功激起了人们更强烈的好奇心。人们不禁要问，大洋深处还有什么新的、更大的秘密在等待着我们去发现呢？

五、“螃蟹岛”之谜

在巴西马腊尼昂州圣路易斯市海岸外的大西洋中，有一个神秘的无人居住的小岛，由于岛上螃蟹密布，人们就称它为“螃蟹岛”。

关于这个螃蟹岛有许多奇闻，在人们中间长期流传。

据说，在螃蟹岛的中心地带，有许多淡水湖泊，那儿有不少巨蟒、豹子、鳄鱼以及奇形怪状的猴子，是一个野生动物啸聚的处所。这些动物是怎么来到这个大西洋上的孤岛上的？人们无法解开这个谜。

传说曾在岛上发现过野人。有一次，三个渔民乘船去岛上捉螃蟹，在船上看守的那位渔民突然发现一个全身长满毛发的野人，向船上扔树枝、树叶。他惊恐万状，大声呼喊自己的同伴，可是转眼间野人已不知去向。

还有人说，这里出现过飞碟袭击人的事件。1976年，有四个渔民来岛上捉螃蟹，正当他们在船上睡觉时，突然遭到奇怪大火的袭击，他们急忙把船开到附近的港口，可是两个渔民被烧死，另一个也被烧伤。这场大火是怎样烧起来的呢？不可能是闪电引起的，因为船只完好无损。经过一番调查，未能得到确切的结论。但许多人都认为，肇事者很可能是飞碟。

螃蟹岛还有一个奇怪的现象，每当夜晚来临，岛上经常出现一些奇特的强光，红光闪烁，景况动人。但这些光是从哪里来的呢？人们至今也未解开这个谜。

在这个孤零零的海岛上，滋生着各种蚊子。令人不解的是，它们在白天也很活跃，成群结队地袭击动物和人。来这儿捉螃蟹的渔民，必须带着用纸卷成的又粗又长的蚊香，以便驱散这些可怕的蚊子。

螃蟹岛的地质构成也非常奇特，岛的四周全是密实的胶泥，气味恶臭。这种恶臭的胶泥是怎样形成的？为什么在这种胶泥上会繁殖如此众多的螃蟹？这又是一个谜。由于胶泥深厚、柔软，上岛来的捕蟹者必须先脱掉衣服，迅速匍匐前进，决不能停留在一个地方，否则会深陷泥潭，不能自拔。为了安全，他们往往每6人～8人一组，集体行动。捕蟹者要有一种特殊的本领，他们把手伸进蟹洞，抓出螃蟹，举到眼前，认出雌雄，这一套动作几乎不超过一秒钟。为了使生态不受影响，他们总是把雌蟹留下，只把雄蟹带走。上岛捕蟹是很辛苦的，但收获颇丰，每条小船来岛一次可捉到1500～2000只大螃蟹。

神秘的螃蟹岛的许多谜题，仍在等待着人们去揭示。

六、独角鲸的长牙之谜

独角鲸是世界上唯一长着螺纹牙的动物，几乎在一切描绘独角兽的图画里，都画着这种长牙。独角鲸的大小像海豚一样，直到现在仍然几乎跟弗罗比歇时代一样很少为人们所了解。即使在今天，独角鲸那奇特的外貌和罕见的踪迹，总会唤起人们种种神思和遐想。

尽管可能有2万～3万条独角鲸在北极海域游弋，但它们的生态特性、生活史和习性对我们大多数人来说，仍然是模糊不清的。难得有人对独角鲸进行详细地研究，也从未有人能成功地驯养它。这种不轻易露面的动物栖居在加拿大、格陵兰和苏联远离航道和捕鲸场的偏远而寒冷的沿海地区，因此即使是死的独角鲸也是十分罕见的。

像独角鲸牙这样引起人们神思遐想的东西，在世界上几乎是绝无仅有的。独角鲸雌性体长约4.3米，体重一般不超过1吨；而雄性比雌性大得多，长可达5.2米，重达1.8吨左右。幼鲸皮肤为蓝灰色，成年鲸为黑色，进入老年的独角鲸逐渐变成灰白色。最为奇特的是，雄鲸的左上颌长有一枚长达3米的长牙，呈笔直的螺旋形；而雌鲸一般很少有这种长牙。独角鲸（也称“一角鲸”）就是因为有了这枚似角的长牙而得名。

独角鲸为什么会长这么一枚长牙，这长牙有什么作用？

有的学者认为，这长牙是独角鲸对付敌害和与同类争斗的武器；有的学者则认为，由于独角鲸生活在北极冰冻海域，这只长“角”是用来凿穿冰层，以便进行呼吸的；还有科学家认为，独角鲸的长“角”是它获取食物的工具；另一些科学家则设想，独角鲸在快速游动的时候身上发热，它们是利用这枚长牙来散发余热的；也有一些科学家说，在寻找食物的时候，独角鲸利用这只“角”作为回声定位的工具；还有一种看法是，独角鲸利用这只“角”，改善全身的流体力学性能，从而游动得更快；有的学者还认为，独角鲸这只长“角”的尖端表面很光滑，似乎是可以用来引诱小鱼，以便乘机吞下。真是众说纷纭，莫衷一是。

此外，科学家们还提出了一系列尚待解决的问题。为什么独角鲸这个螺旋形的“角”上都是左旋螺纹，而不是右旋螺纹？为什么只有雄鲸长“角”，而雌鲸极少长“角”？这种鲸上颌本来左右两边各有一枚牙齿，但为什么只有左边的一枚长得这样长，右边的一枚却隐在牙床里没有长出来呢？这种不对称的现象在动物界是闻所未闻的。大象、海象、儒艮（人鱼）、野猪等都长有一对弯曲的长牙，为什么只有独角鲸长的那一根长牙是笔直的？

几个世纪以来，独角鲸的长牙一直是人们追逐的对象。主要原因是人们认为这只独“角”乃是稀世之珍，是可以治疗多种疾病的神奇药物，包括治疗疟疾和鼠疫。俄罗斯的科学家曾分析过这种“角”的化学成分，解释了它神奇功效的奥妙，即它能中和毒物的化学成分，主要是一种含钙的盐使毒物丧失了毒性。由于人们长时期大量的捕杀，独角鲸已处于灭绝边缘。

尽管长期以来科学界一直未中断过对独角鲸的研究，但至今仍有许多奥秘未能揭晓。1988年夏，两位加拿大科学家来到巴丹岛以北的一个海湾，试图揭开这个谜。他们向海里抛出一张巨大的渔网，然后静静地等待着，终于他们听到了一阵爆炸般的震耳的响声，一群独角鲸游过来了，然而遗憾的是只网住了一头，其余的都逃脱了。两位科学家把一个小型管状无线电装置固定在这头独角鲸的长牙上，然后在直升机上观察它的行踪。然而出乎意料的是，两天以后，这头独角鲸竟然从科学家们的视野中消失了，留给人们的仍然是未解之谜。

七、抹香鲸之谜

抹香鲸是齿鲸类个体庞大的一种，而它真正吸引人的地方在于它占体长1/4的巨大额部，那里面储存了丰富的油脂，可供人们提取10桶～15桶（每桶为36加仑）纯净的鲸油，为此，它们也付出了惨重的代价，由当初的100多万条锐减为现今的几万条。

幸好贪得无厌的人们及时悔悟，停止了大肆捕杀，在印度洋上开辟了鲸类禁猎区，才避免了抹香鲸的灭亡。

然而，人们并未停止对抹香鲸的兴趣，只不过已变为另一种方式，即对抹香鲸神秘性的探索，相信这种工作才是真正有意义的。

1981～1984年，在国际野生动物组织的资助下，加拿大纽芬兰海洋科学研究学会的H.瓦德汉等五位学者，首次完成了对抹香鲸生态习性的全面考察，掌握了大量的第一手资料，对神秘的抹香鲸有了初步的了解，也带回了一些无法解释的谜团。

首先，依然是那个装满油脂的巨大额部，它对抹香鲸来说到底起什么作用呢？科学家们对此做了种种推测，说法不一。

美国人对此的解释是，抹香鲸是以捕食深海区的章鱼、乌贼为生的，是包括其他鲸类在内的一切海栖哺乳动物中的“潜水冠军”。虽然它有一个巨大的肺部和储藏空气的巨大腔膛，但这不足以使它在长时间潜水后迅速升浮到海面，而它额部多余的巨大脂肪体却起到了浮力调节器的作用，为它深海潜捕赢得了时间。

但是法国学者R.布斯涅尔不同意上述观点。他认为抹香鲸巨大的额部脂肪体实际上是起回声探测器的作用。它之所以能在深海区昼夜捕食，就是因为具有优于其他鲸类的声呐系中的接收功能，它额部的脂肪体就像声学中的透镜体一样，将复杂的回声折射成灵敏的探测声，以便正确地分析、探测猎物的方向及数量，最后传到内耳，大脑神经指令追捕。

以上两种解释都基于推测，由于缺少足够的证据，目前还很难判断哪种更接近于真实，抑或二者都不是合理的解释。那准确的答案还尚待探究。

另外，抹香鲸那神秘的“吻”，也是令人困惑的谜。在三年的考察中，瓦德汉等学者多次发现，雌、雄抹香鲸的嘴部相互接吻，成年抹香鲸的嘴部也常接触幼鲸，它们是和人类一样以此表达爱意吗？那么，为什么成年抹香鲸在海面相互振动嘴部之后，就意味着开始一场争斗呢？而争斗的结果又往往在双方的下腭留下牙齿咬的平行伤痕。对此还没有人给出过合理的解释。

再有，抹香鲸以何种方式摄食也是人们长期探索而至今未决的问题。有人认为抹香鲸属齿鲸，当然是用牙齿撕咬猎物，然而在瓦德汉等学者的三年考察中，多次发现，即使牙齿严重磨损，甚至完全脱落的抹香鲸，依然能捕获、吞食大量乌贼。

于是又有人提出抹香鲸捕食既不依赖牙齿，也不靠它巨大的体型，而是在捕食前大吼一声，把猎物吓昏，然后食之。然而经考察，鲸类并没有声带，它们的声音又是怎样发出来的呢？有人说是额部共振产生的，但又不能确认。所以这也是一个未解之谜。

八、摩西豹鳎之谜

鲨鱼是鱼类中的“巨人”，也是海上“魔王”。它能一下子吞掉几十条小鱼，还能咬死和吃掉身躯庞大的大鱼，连鲸这类庞然大物也不例外。你可知无恶不作的鲨鱼也有天然的“克星”？

传说当年摩西把红海海水分开，让以色列人逃脱埃及人的追赶，恰巧有一条小鱼正在当中，被分成了两半，变为两条比目鱼，这就是生活在红海北部亚喀巴湾的摩西豹鳎。这种身体扁平的鱼像豹子一样身上布满了斑点，一般情况下它们总是悠闲地躺在海底。一旦受到威胁，它们就会分泌出一种致命的乳白色毒液，名为“帕特辛”，毒液的效果可以维持28小时以上。科学家发现，这种毒液即使稀释5000倍，也足以使软体动物、海胆和小鱼在几分钟内死亡。美国生物学家曾把一条摩西豹鳎放进养有两条长鳍真鲨的水池中，鲨鱼立即猛冲过去张开血盆大口去咬豹鳎，突然，它使劲地摇着头，扭动着身体，样子痛苦万分。原来鲨鱼的咬合肌被豹鳎分泌的乳白色毒液麻痹了，此时竟无法闭嘴。鲨鱼的探测器官十分灵敏，海洋中极微量的毒液它也能探测出来，所以再贪婪无比的鲨鱼，对这种红海鱼也只能望而却步。目前，生物化学家正致力于人工合成这种防鲨的毒液，一旦获得成功，凶恶的鲨鱼就只能“望人兴叹”了。

奇妙的是，深海底还有一种巨大的动物，吞食鲨鱼可谓易如反掌，是鲨鱼望而生畏的另一种“克星”。那是1953年夏季的一天，澳大利亚潜水员琼斯潜入近海水域，去测试一种潜水服的性能。当他潜入大海深处时，发现一条漆黑的大海沟，便停止下潜。不久，一条足有四五米长的大鲨鱼发现了他，在离他5米左右的地方游动。就在这时，从黑暗的海沟里钻出来一个灰黑色的大圆形动物。琼斯借助潜水灯光看清，那是一个庞大的扁体怪物，似乎没有手足，也没有眼和嘴，就像一块光滑的木板摇摇晃晃地从海底浮了上来。这个怪物大得出奇，比世界上最大的蓝鲸还要大得多。素有“海中恶魔”之称的大鲨鱼一见到它就立刻吓呆了。停在水中一动也不敢动，似乎全身都变得麻木了。那大怪物游近鲨鱼旁边只轻轻一蹭，鲨鱼立时抽搐起来，完全失去了抵抗能力，随即被那个巨大动物一口吞了下去。吞掉鲨鱼后，大怪物若无其事地摇晃着肥大的身躯，又沉入深海去了。科学家们闻讯后多方考察，但一无所获，这个吞食鲨鱼的深海怪物究竟是何种动物，到现在还是一个谜。

九、海中巨蟒之谜

1851年1月13日，美国一艘叫“莫依伽海拉”号的捕鲸船在南太平洋马克萨斯群岛附近海面航行。突然，桅杆上的水手惊呼起来，说发现了海怪。这是海中巨蟒：身长30多米，脖子粗5米多，身体最粗的地方，直径达15米。头呈扁平状，有皱褶，尾巴尖尖的。背部呈黑色，腹部呈暗褐色，中央一条长长细细的白花纹。

船长希巴里带领船员乘3艘小艇，与巨蟒展开了惊心动魄的海中大战，最后，终于用长矛把巨蟒刺死。他们把海蟒的头割下来，撒上盐榨油，竟然榨出10桶透明油。

非常遗憾的是，“莫依伽海拉”号在返航时遇难，关于巨蟒的说法，只是生还海员的口头叙述，而缺少实物证明。迄今为止，在世界上有好几千人目睹过巨型的海怪，人们叫它为海蟒。大多数目击者都形容它像大蟒蛇那样，头高高地翘出海面，身上长着鬃毛，头上长着一对闪闪发光的大眼球。

1959年的一天，两个美国人驾

驶着木帆船在海面上行驶时，发现海面上出现了一个又黑又长的身躯，向木帆船游来。他们惊恐地盯着这越来越靠近的东西，发现它身体很长，形状十分可怕。头颇像蛇头，露出海面约70厘米；两只眼睛很大，闪着寒光；头上没有嗅觉器官；嘴很大，呈现出血红色，好像是一条大沟，把头劈成了两半，真是血盆大口。他俩赶快掉转船头逃跑了。

在加拿大海岸附近水域，也生活着一些海蟒，经常耀武扬威地在海面上游荡。

到现在为止，世界各地仍然不断传来目睹“海怪”的消息，但是，不管是海洋生物学家，还是其他探险者，不是对此消息迷惑不解，就是不置可否，谜底始终没有被揭开。

十、海洋巨鲨之谜

墨西哥人吉姆·杰弗里斯是一名潜水员，考察海洋生物是他的一种特别爱好。他听说加利福尼亚半岛有一片沙漠地区，在1000万～2000万年前曾经淹没在大海底下，于是便动身前去考察，希望能在这片古海遗址上找到一些海洋古生物的化石。

他来到加利福尼亚半岛顶端的卡布·圣卢卡斯，在向导的带领下进入沙漠地区。他们在燥热的空气和飞扬的沙尘中步行了18千米。吉姆·杰弗里斯又渴又累，正想休息一会儿，突然发现前面不到3米的地方有个光滑的东西突出在沙地上。吉姆·杰弗里斯赶紧跑过去，开始用手挖掘，随着沙土被清理掉，渐渐地露出了一颗牙。这时，一种兴奋的心情代替了疲劳，“我发现了一颗巨大的牙齿，它可能是史前巨鲨的牙齿，有14厘米长。简直漂亮极了！”吉姆·杰弗里斯高兴地喊了起来。

后来，吉姆·杰弗里斯又多次到这块古海遗址考察，在不到260平方千米的区域内，发现了30多种鲨鱼的牙齿，还有鲸骨和其他海洋哺乳动物的化石，他据此写下了大量的考察笔记。

吉姆·杰弗里斯与有关专家密切协作，进行研究巨鲨的工作。巨鲨是所有生存过的鲨鱼中最大的一种。它生活在距今1000万～2000

万年前，现在已经灭绝了。除了吉姆·杰弗里斯发现的这颗14厘米长的牙齿外，人们还发现过许多颗巨鲨的牙齿，有的竟长达17厘米。由于人们不曾发现这种古老鲨鱼的完整骨架或部分的骨骼化石，只有牙齿是证明巨鲨曾经存在过的唯一证据。因此，巨鲨有多大？它们的生活习性如何？仍然是个谜。

但是，人们认为，巨鲨是大白鲨的近亲，研究大白鲨就可以在一定程度上了解巨鲨的一些情况。由于人们对大白鲨也有许多未解之谜，这就给揭示巨鲨之谜带来了更大的困难。

自从发现了那颗巨鲨牙齿以后，吉姆·杰弗里斯便为研究大白鲨而耗费了全部心血。他了解到完全长成的大白鲨可以达76米长。20世纪40年代中期，在古巴附近海域捕获的一条大白鲨长64米，重达3300千克。大白鲨与巨鲨之间可以进行实物比较的只有牙齿。大白鲨的牙齿仅长5厘米～7厘米多一点，而巨鲨的牙齿长度可达到17厘米。这真是一种非常可怕的巨大肉食性海洋动物！

然而，巨鲨与大白鲨牙齿大小的比例，并不能等于它们身长的比例，因此这一推算是否可信，还很难说。但目前人们对巨鲨的了解也仅是这么多。吉姆·杰弗里斯在一篇介绍巨鲨牙齿发现情况的文章中写道："我想，大家都在默默地盼望着那么一天，能够发现一把解开这些巨鲨之谜的钥匙。"

十一、海洋巨鳗之谜

100多年来，世界上一直流传着关于海洋中巨鳗的奇异见闻，这些见闻成了费解的海洋之谜。

1848年，英国巡洋舰"得达拉斯"号的舰长和水兵，在离南非好望角不远的海面上见到了一条极大的似鳗鱼的大鱼。它露出海面的部分约有18米长。舰长在望远镜里一直观察了20分钟，直到它消失。这件事后来经过英国海军部仔细查询无误，并且记录在案，成为当时广为传播的海上奇闻之一。

事过一个月后，美国帆船"达纳普"号在同一海域又遇见了这种大鳗鱼。它的眼睛闪闪发光，身体长约30米，离船只有50米，可以看得很清楚。船长担心受到它的攻击，命令炮手向它开火，但它以极快的速度扎入水中逃走了。

1930年的一天早晨，一艘名叫“丹纳”号的海洋研究船在南非海岸外航行。船上一位丹麦籍青年从海中捞上来一网鱼虾。打开网，一圈长长的似蛇一样的东西引起了海洋学家布隆的注意。他将那似蛇的东西捡起来，测量了一下，有18米长。他又进一步观察它的特征和头骨的构造，发现这是一条鳗鱼幼体。普通的鳗鱼有104节脊椎骨，海鳗为150节，而这条奇特的幼鳗竟有405节脊椎骨！在已知的海鳗种类中，最大的体长约4.9米，而幼体只有7厘米~12厘米长。如果以此来推算“丹纳”号上捕获的那条幼鳗，它长成后就可能长达55米！

令人遗憾的是，人类至今未能捕捉到这种巨鳗的成体。有关它们的秘密，仍隐藏在海洋之中。

十二、海豚大脑轮休之谜

海豚不仅具有聪明的脑子，还天生就是游泳健将。它可以和海船比速度、比耐力，能够一连许多个小时，甚至许多天地跟着海船游。据估计，海豚的游速一般可以达到每小时40千米~50千米，有时甚至可达每小时75千米。这个速度超过了轮船，大概与普通的火车差不多了。

那么海豚为什么能够连续几天不休息地游泳呢？它不需要睡觉吗？确实没有人见过海豚在睡觉，它们总是不停地在游动。然而只要是动物就需要睡眠。研究发现，海豚的睡觉方式与众不同，非常奇特，它采取的是“轮休制”。海豚在需要睡眠的时候，大脑的两个半球处于明显的不同状态，一个大脑半球睡眠时，另一个大脑半球却是清醒的。每隔十几分钟，两个半球的状态轮换一次，很有规律性。海豚的两个大脑半球是轮流交替着休息和工作的，因而它的身体始终能有意识地流动。有人曾给海豚注射一种大脑麻醉剂，看它能否安静下来，完全睡着，谁知这只海豚从此一睡不醒，丧失了生命。看来海豚是不能像人或其他动物那样静态地睡着的。

为什么海豚的大脑独具这种轮休的功能呢？这个谜直到现在还未

解开。

十三、海上救生员之谜

海豚是人类的好朋友，被人们称为见义勇为的海上救生员。海豚救人的事件自古以来就有很多传说。近几十年来，有关海豚驱逐鲨鱼、救助海上遇难者的报道，绝不是虚构的，而是非常真实的。

1992年，一艘印尼货轮正在大西洋海面航行，有两名海员不小心掉入海中。这时，一群海豚赶来，它们围成一个圆圈，把落水的一人托出水面，直到被救起为止。另一名船员在水中挣扎时，突然感到腰间被撞了一下，原来也是一只海豚，这只海豚一直陪伴着他，与他并肩游泳，一直游到船边。

海豚救人于危难，这种行为该怎样解释呢?

迷信的人把海豚看作神灵，说它们救人的行为是受神的意志指点的，而有的人认为海豚是一种有着高尚道德品质的动物，海豚救人的美德，来源于海豚对子女的“照料天性”。

难道海豚具有高度的思维能力？看来，这个谜的解开还有待于人们对海豚做进一步的认真研究。

黑海东部的著名休养胜地——帕茨密，前几年曾因出现了一头奇特的海豚而声名大振。数以千计的好奇者专程从四面八方赶到那里，以一睹这头海豚的风采为快。当地旅游业的老板因此而发了一笔大财。

这头硕大的海豚，每天上午9点左右开始在海滨露面。它首先习惯地翘起尾巴，好像是向站在岸上的观众和在海中游泳的人们致意。然后，它大大方方地接近游泳的人群，亲昵地挤在人们身旁戏耍。它时而驯服地让小孩子骑在自己背上玩耍，时而同年轻人在水中捉迷藏。这头可爱的海豚使人流连忘返。

“这是一头经过训练、特意放出来为游人助兴的海豚吗？”人们经常这样发问。水族馆人员的回答是否定的。他们说，经过训练的海豚只有得到了报酬，也就是赏以食饵以后才肯表演，而这头海豚却完全是心甘情愿地为人“义务服务”，它并没有得到任何食饵。人们还是不解，难道这头海豚有着天生的眷恋人类的性格?

后来，一位渔轮上的水手讲出了实情。他说，这头海豚曾被他们渔轮的螺旋桨击伤，水手们将它救到船上，给它进行了精心治疗以后，又把它放回大海。从此以后，这头海豚便一直追随他们的渔轮，难舍难分。当它随这艘渔轮来到帕茨密后，似乎同救命恩人的感情日益加深，因而进一步向人们表示好感。

看来，这头海豚是为了报答救命之恩才同人类亲近的。

对这位水手的说明，人们将信将疑。有的人认为海豚这种动物很“聪明”，智力发达，它们能够同人类产生感情，懂得报救命之恩。但也有人认为海豚毕竟是一种动物，不会有什么思想感情，更不会懂得报救命之恩，那头海豚是把人们当作了它的同类，是表现了同类之间友好相处的一种本能。究竟谁是谁非，至今仍是未解之谜。

十四、海豚护航之谜

苏联的研究人员阐明了许多有关海豚“语言”的规律性。他们在同海豚的交往中，非常注意研究海豚“语言”的差异性和复杂性。通过绘制海豚“语言”分析图，可以清楚地知道，海豚之间的交往活动在方式上与人类近似，海豚似乎也具有说话能力。

科学家们试图揭开海豚“语言”的密码，但还没有取得成功。目前，一些研究人员仍在不懈地进行探索，以期早日解开这个谜。

乘坐远洋轮船的旅客，常常可以看到许多海豚在航行的轮船周围游来游去，长时间地随轮船一道行进，好像是在跟轮船“赛跑”，又像是为轮船“护航”。

海豚为什么要这样做呢？这仍然是一个未解之谜，因为海洋生物学家们还没有对这一有趣的现象进行过考察和研究，更没有做出什么科学的判断。但是，也有一些海洋生物学家出于对海豚习性的了解，对这一现象提出了一些推测性的解释。他们认为，海豚所以要这样做，有三条理由：

一条理由是海豚是一种好奇的动物，对水中所有不常见的和较大的物体，不管是游泳者还是船只，都有着极大的兴趣。因此，人们经常可以看到海豚从水面抬起头来，观察周围所发生的情况。遇到了一条大船，它们当然也就跟着凑个热闹和看个究竟了。

另一条理由是为了舒适。轮船在大海航行的时候，船后的海水产生了“伴流”，可以带着海豚前进，游起来省劲、舒适，因而海豚经常跟在航行轮船的后面游乐。

还有一条非常重要的理由，是大量的食物在吸引着海豚。船上乘客们吃剩的东西，倒在海里，海豚可以捡着吃。另外，航行的轮船会招来众多的小鱼和其他生物，它们也是为了游泳省劲和捡食残羹剩饭而来随船航行的，这些小鱼和其他生物正好可供海豚饱餐一顿。

当然，除了这三条理由以外，还可以找出更多的理由，但都只不过是推测而已。海豚随船“护航”的原因，仍是有待揭示的谜。

十五、海豹干尸之谜

在奇妙的自然界这一巨大的博物馆里，有许许多多动物的干尸，海豹的干尸就是其中之一。

海豹的干尸是在著名的海豹之乡——南极洲发现的。科学家们在那里考察时，发现平均每平方千米竟能见到144头各种海豹，整个南极洲的海豹总数估计有5000万～7000万头。所以能在那里见到众多的海豹干尸也是很自然的事了。

然而，令人奇怪的是，众多的海豹干尸不是发掘于海滩中，而是发现在远离海岸大约60千米的峡谷里。

更令人迷惑不解的是，在好几种海豹中，变成干尸的却只有食蟹海豹和威德尔海豹两种，难道是因为它们在此处数量上占绝对优势的缘故吗？抑或还有什么别的原因。考察人员还发现，形成干尸的海豹多数只有1米左右，属于幼年海豹，而成年海豹的数量极少，这又是为什么呢？

海豹的干尸如同人的干尸一样，身体形状完整无缺，没有任何腐烂。于是海豹的干尸成因就成为科学工作者最感兴趣的一个谜，他们进行了仔细地研究和探索，得出了以下三种不同的结论。

“古海论”：认为远古时代，这些干谷地区曾是一片海洋，后来由于海面降低，海水退落的时候，这些幼年海豹因未能随着海水回落逃走，才形成干尸的。

然而地理学家却不同意此说，因为他们在这些干谷地区没有发现有古海区地形的遗迹。

“海啸论”：持这一论点的学者提出，在几百或几千年以前，这些地区曾经发生过大海啸，那些幼小的海豹因体重轻，力气小，才被大海波涛抛进了干谷，慢慢地形成了干尸。

“迷向论”：持这种观点的科学家认为，海豹具有爬到岩石上晒太阳的习性，这些海豹是在爬上岸晒太阳时，迷失了方向，才进入干谷深处而死在那里的。

以上三种观点还仅仅是一种推论，缺少足够的证据，究竟实际情况如何，还有待于进一步探索。

另外，关于海豹干尸形成的确切年代，至今也没能加以断定。科学家们用碳-14进行了测定，发现它们已经存在了1210年左右，但是当科学家对相同种的海豹，用同样的年代测定方法进行测定时，则出现了几百年的数值，孰是孰非，还难以断定，望后续的有识之士能尽快揭开这一谜底。

十六、活化石海豆芽之谜

当海水退潮，在海边沙滩上经常能找到一种形似黄豆芽的小动物，它就是大名鼎鼎的“活化石”——舌形贝。它是世界上现存生物中最长寿的一个属，至今已有4.5亿年的历史了。

舌形贝体形奇特，上部是椭圆形的贝体，像一颗黄豆，下部是一根可以伸缩的、半透明的肉茎，宛若一根刚长出来的豆芽，所以舌形贝又有“海豆芽”的俗称。

海豆芽有双壳，但却不属于贝类，而被归入腕足类。它的内茎粗大，能在海底钻孔穴居，内茎还能在孔穴内自由伸缩。海豆芽大多生活在温带和热带海域，一般水深不超过20米～30米。它们赖以栖身的潮间带，是一个波涌浪大、环境变化剧烈、海生物众多的世界，区区海豆芽能跻身于此，是和它们特有的生活方式分不开的。

海豆芽主要栖身在海底，它们一生中的绝大部分时间都在洞穴中隐居，仅靠外套膜上方的三根管子与外界接触，呼吸空气，摄取食物。它们非常胆小，只在万无一失时，才小心翼翼地探出头来，一有风吹草动，便十分敏捷地躲进洞中，紧闭双壳，一动不动。海豆芽在不会移动而又无坚固外壳保护的情况下，运用这种穴居方式保护自己，无疑是它们在生存竞争中的一个成功。

世界生物学界普遍认为，一个物种从起源到灭绝，平均生存不到300万年；一个属从起源到灭绝，平均生存800万～8000万年。可是海豆芽却生存了4.5亿年！在地球的沧桑之变中，许多庞大而强悍的动物都灭绝了，而小小的海豆芽却生存至今。这种情况在生物史上是极为罕见的。是什么原因造就了生物界的这位“老寿星”？除了它独特的生活方式外，在生理生化方面它们有什么特殊性？至今还是一个谜。

生物界有一个最基本的进化规律，即任何物种都是由其祖型物种，从低级到高级，从简单到复杂演化而来。而海豆芽又是一个例外。它们的形体及生活方式在漫长的历史中，居然没有发生什么显著的变化。因此，近几十年来，欧美一些学者提出，海豆芽显然是违反了进化原则，使这个原则成了问题，向达尔文的进化论提出了挑战。目前有一点可以肯定：海豆芽的体形与大小在4.5亿年中基本上没有变化。为什么会这样？这又是一个难解的谜。

大多数动物的形体，在进化过程中总是由小变大，大到一定程度后，不能适应变化了的环境，于是渐渐灭亡。而海豆芽经历了4.5亿年，一直都是那么小，没有变大，这是否也是它们长寿的原因之一呢？由于海豆芽4.5亿年没有变大之谜未能揭开，这个问题也就无法回答了。

十七、冰藻防护紫外线之谜

自1986年以来，南极上空出现了臭氧洞。为此，世界各国都加强了对臭氧洞的研究。其中一个重要的课题，是研究臭氧洞的紫外线对南极海洋的穿透能力及其对海洋生物的影响：人们知道，强烈的紫外光对地面生物具有明显的杀伤力。在医院和实验室里，人们用紫外灯消毒，以杀死病菌，就是这个道理。不过，从阳光来的紫外线通常是比较弱的，不像有臭氧洞那样强烈，否则会产生严重的后果。强烈的紫外线会使人得皮肤癌，这已是不言而喻的事实。紫外线对海洋生物的影响也是非常大的。

实验结果表明，南极臭氧洞能使海洋浮游植物的生产力降低4倍。强烈的紫外光还会影响生物细胞的结构和细胞内的遗传物，使染色体、脱氧核糖核酸和核糖核酸发生畸变，从而导致植物的遗传病和产生突变体。

令人感兴趣的是，生活在南极海域中的冰藻，却对紫外光有着明显的“自卫”能力，并能对其他海洋生物起“屏蔽”保护作用。

冰藻是栖居于海冰中的一大类海洋浮游植物，主要为硅藻，分布在海冰的底层或中间层。它以独特的生活方式，顽强地生长繁殖，在南极海洋生态系中占有重要地位。然而，冰藻对紫外光的吸收和“屏蔽”作用，过去无人知晓。芬兰科学家首次发现了冰藻对紫外光辐射的“自卫”能力。研究结果表明，冰藻的吸收光谱与一般浮游植物不同，冰藻在波长330毫米处的紫外光吸收峰比一般浮游植物高，冰藻还能吸收波长270毫米的紫外光。这两种波长的紫外光正是臭氧洞中透过的紫外线的波长范围之一。冰藻的这种特异功能十分重要，不但能“自卫”，而且能起到“屏蔽”作用，使紫外光不能穿透海冰，从而保护了冰下海水中的海洋生物。

冰藻“自卫”功能的机理涉及防紫外线的酶类，可能是氧化酶和催化酶类。其确切机理，有待揭示。

令人奇怪的是，冰藻也是海洋浮游植物，它只不过是在海冰中生活了一段时间而已，它能有这种防护紫外线的“自卫”能力，而海水中的一般浮游植物却没有这种能力，这是什么缘故？是否冰藻的生理生化功能发生了深刻的变化？总之，这是一个待解之谜。

十八、海底人之谜

海底有“人”吗？当代有些科

学家认为，在海洋深处的某些地方可能生活着一些智力高度发达的生命体——“海底人”。

近几十年来，地球各大洋水域都曾出现过不明潜水物，它们为“海底人”的假想提供了神秘的线索。

最早发现不明潜水物是在1902年。一艘英国货船在非洲西岸的几内亚海域发现了一个巨大的浮动怪物，外形很像一艘宇宙飞船，直径10米，长70米。当船员们试图靠近它时，这一怪物竟不声不响地沉入水下销声匿迹了。

1963年，在波多黎各岛东南部的海水下发现了一个不明潜水物，美国海军先后派了一艘驱逐舰和一艘潜水艇追赶此物，他们在百慕大三角区追赶了926千米，美国其他13个海军机构也看到了这个怪物。人们发现，这个怪物只有一个螺旋桨。他们前后一共追赶了4天，仍未追到。有时候，它能钻到水下8000米深处，看来它不像是地球人制造的一种新式武器。

北大西洋公约组织于1973年在大西洋上举行联合军事演习时，有艘主力舰发现了不明潜水物。当时，这个半浮海面的巨大物体，被舰队指挥官当成是不明国籍的间谍潜艇，于是一声令下，炮弹、鱼雷纷纷向它飞去。但不明潜水物毫无损伤，当它悄悄地下潜海底时，整个舰队的所有无线电通信设备统统失灵，直到10分钟后那个不明潜水物完全匿迹时，舰队的无线电通信系统才恢复正常。

1973年4月，一个名叫丹·德尔莫尼奥的船长，在百慕大三角区附近的斯特里姆湾明澈的海水里，看到了一个形如两头圆粗的大雪茄烟似的怪物，它长40米～60米，行速70千米～130千米。它两次都是在下午4点左右出现在比未尼岛北部和迈阿密之间，并且都是在风平浪静的时刻。这位船长非常害怕船与它相撞，竭力想躲开，可是往往是它先主动地消失在船体的龙骨下。

1959年2月，在波兰的格丁尼亚港发生了一件怪事。在这里执行任务的一些人，忽然发现海边有一个人。这个人看上去疲惫不堪，拖着沉重的步履在沙滩上挪动。人们立即把他送进格丁尼亚大学的医院。他穿着一件“制服”般的东西，脸部和头发好像被火燎过。医生把他单独安排在一个病房内，进行检查。人们立即发现很难解开此病人的衣服，因为它不是用一般呢子、棉布之类东西缝制的，而是用金属做的。衣服上没有开口处，非得用特殊工具，使大劲才能切开。体检的结果，使医生大吃一惊：此人的手指和脚指头数都与众不同；此外，他的血液循环系统和器官也极不平常。正当人们要做进一步研究时，他忽然神秘地失踪了。在此以前，他一直活在那个医院里。

这是一个什么人？他来自何方？

有的科学家认为，是外来文明匿身于海底，因为那种超级潜水物体所显示的异乎寻常的能力，实在是地球人所不可企及的。海洋是地球的命脉，因此存在于地球本土之外的某些文明力量关注我们人类的海洋是必然的。超级潜水物也许已经拥有它们的海底基地，至于它们的活动当然不是为了和地球人搞“捉迷藏”游戏。海洋便利于隐藏或者说潜伏，这固然是事实；但更主要的是，海洋能够提供生态情报，这已经足够了。如果说未来的某个时候发现了并不属于地球人的海底活动场所，那么这该是不足为奇的事情了。因为人们毕竟早已猜测到了外来文明力量存在于地球水域中的事实。

也有的研究者认为：不明潜水物的主人来自地球，不过他们生活在水下，甚至生活在地下。

据说，1968年1月，美国TC石油公司的勘探队在土耳其西部270米的地下，发现了深邃的穴道。穴道高约4米～5米，洞壁非常光滑，如人工打磨过一般。穴道向前不知延伸至何处，左右又连接着无数的穴道，宛如一个地下迷宫。在其中一处，有一个身高4米的白色巨人，忽然无声无息地出现在勘探队员面前。巨人在手电光下闪闪发亮，并发出雷鸣般的吼声，其声浪竟然掀倒了所有的勘测队员。如果此事确凿，那巨人当是生活在地下的高级生物了。

也许在地下果真有一个为我们所不知道的世界……

第十章 关心和爱护海洋

一、当代海洋环境问题

海洋环境是全球环境最大的地理区域，全球环境整体的变化无不影响或表现在海洋上，其中有一些还是以海洋为主体产生的。当代海洋环境中引起国际社会特别关注的有四个问题：

1. 沿海海平面上升

由于全球气候振荡和温室效应等原因，所引起的海平面上升，已造成对人类，特别是沿海地区的普遍威胁。联合国环境规划署发布的《当前全球环境状况》和他们的许多资料及专题报告中，都着重地强调了这一问题，一时也使得一些沿海低平原和海岛国家产生某种恐慌。

根据过去100年的验潮资料，全球海平面平均每年以1毫米～2毫米的幅度上升，我国的沿海海洋验潮站资料，也同样呈现这种变化速度，大约每年1.5毫米左右。海平面上升的速度虽然是缓慢的，但持续一个较长时期的数量还是相当大的。海平面上升的影响表现在五个方面：

（1）淹没沿海低地和海拔较低的岛屿。世界人口大约有3%居住在海拔1米及以下的沿海低平原区域。在这个地区每年约有3000万人口遭受风暴潮灾害的袭击。如果海平面上升1米，在地壳稳定的情况下，这个区域将要被海水淹没，以现有的世界总人口计算，无家可归的人数也将有1.5亿人以上。所造成的局面是相当可怕的。

（2）洪涝和风暴潮灾害加剧

沿海低平原海湾和河口地区，由于地势低洼，其抵御洪涝、风暴潮增水和海水侵入基本上都是靠工程设施，建筑堤坝和围堤预防灾害的发生，其高度和抗御强度都是以现在的水文条件等设计的。假若海平面上升其性能和安全性必然降低，如天津海河拦潮闸建成30多年，在此期间该地海平面上升与地面下沉相结合，累计达到1.05米，现在闸门高度已不能够挡潮。再如黄浦江外滩防洪墙，其标高按千年一遇的标准修建的，若海平面上升0.5米，则降为百年一遇。如此，潮灾和洪涝灾的加剧是自然的。

（3）增加排污排水的困难。海平面上升会使现有的市政排污、排水工程设计标高降低，造成沟渠或管道排放困难，甚者会排不出去而至海水倒灌。

（4）港口功能减弱。港口或其他工程设施，在海平面上升过程中，其功能和使用性能不断下降，如码头离水面高度，会因海面的上升而降低，原来具有的船舶停靠的安全性随之降低等。

（5）海平面上升还将伴随发生邻海土地盐渍化、地下水盐化、生态环境变迁等问题。

2．海岸侵蚀

海岸侵蚀是沿海各地区普遍存在的现象。据报道，世界沿海有70%以上的沙质海岸遭受侵蚀破坏。侵蚀的危害后果是综合的，不仅吞没了大量的滨海土地和良田，而且毁掉了众多的设施（包括公路、铁路、桥梁、堤坝、建筑物、养殖场、军事工程等），甚至逼迫一些城镇、村庄搬迁，损失极大。

我国海岸侵蚀现象也很严重，从南到北，不论是大陆海岸，还是海岛岸线都有侵蚀发生，既有沙质海岸，也有基岩海岸。沙质海岸的侵蚀及后果尤其严重，例如苏北滨海县废黄河口岸段，自1855年黄河北移山东入海后，泥沙的输送补充断绝，海岸与海底的地形重新塑

汹涌的海浪

造，侵蚀急速发生、发展，经过100多年，岸段被海水侵蚀后退了20多千米；基岩海岸，尽管组成物质比较坚硬，有一定的抗冲刷能力，但在长时间强大的波浪与海流作用下，侵蚀崩塌后退现象也不可避免。沿海各地分布的海蚀崖、倒石堆及其他海蚀地形地貌就是证明，例如北黄海的青堆子湾、常江澳、小窑湾、大连湾和辽东湾的锦州湾、太平湾、董家口湾、复州湾、营城子湾等处，都广泛地分布着侵蚀后退的陡崖，崖前倒石堆和各类侵蚀平台，海蚀洞、海蚀穴、海蚀柱等海蚀地貌。其中有的规模比较大，如常江澳的大门咀子，由于侵蚀强烈，形成数千平方米的倒石堆等。海岸侵蚀在我国的危害主要有六个方面：吞没大片陆地，房屋建筑崩坍入海，给人民生命财产带来损失。这种例子数不胜数，东海鳄鱼屿，该岛原有面积0.24平方千米，经多年强浪流冲刷，蚀掉了41%，现只有0.14平方千米。破坏海岸公路、桥梁、海底电缆管道。如辽宁田家崴子距海四米的公路，由于人为因素1969年发生侵蚀，之后的8年间，该处海岸后退15米，公路被冲掉一段；厦门岛东海岸，1986年一次暴潮巨浪袭击，冲垮沿海公路200多米等。毁坏海堤、防护堤、防护林带及各种护岸工程。1983大连附近岸段，大浪冲毁防潮堤坝221处，长达19300米，淹没良田百万公顷，损失1271万元等。加剧港口与航道淤积。侵蚀的沉积物，往往随沿岸流被挟带进入港池和航道沉积下来，使之淤积变浅，阻碍船只的航行。海南清澜港的淤积就属此类情况，其他如塘沽港、连云港等港口也属这类问题。破坏海防工程设施。海防设施因冲刷而毁坏废弃的很多，仅厦门一地就有十余座岸防工事因侵蚀而倾倒或塌进海中。破坏景观旅游资源，诸如岸带、林带、炮台、古城墙、古建筑、优美的地貌景观和浴场等，被海浪流冲刷消失或严重损坏，从而失去原有价值，在秦皇岛、辽东半岛、厦门岛等地都有这类破坏的发生。总之，海岸侵蚀已成为我国不容忽视的灾害。

3. 海洋污染

海洋是人类生产、生活过程中

所产生的废物、废水的最终归宿。能够进入海洋并威胁环境健康的物质来源种类繁多，有城市污水和工业与生活垃圾，农药化肥及农业废物，船舶、飞机及海上设施的废物排放和有害物溢漏，放射性物质及军事活动所产生的污染物质等等。进入海洋的污染物正在急速地增加着，每年到底有多少有害成分进入海洋，准确无误地回答，毕竟是一个十分困难的问题。因为进入海洋的渠道、方式、物态、种类等过于复杂，在基础资料尚且难以获得的情况下，计算和统计当然也就难以做到。目前各种报告和研究成果也只能是一种测算，不一定都具有客观可靠性。

全球海洋每年接纳的污染物，据研究，数量非常之大：石油类，保守的估计为几百万吨，也有资料认为高达1000万吨，其中通过河流和管道排入海洋的约500万吨，通过船舶排入的50万～100万吨，海上油田溢入海里的为100万吨等；重金属类，包括汞、铅、铜、镉等，主要污染源是工业污水和矿山污泥与废水，其中汞每年入海量可达1万吨左右，其他铅、铜、锌等的数量，少则几十万吨，多则数百万吨；农药类，目前人工合成的农药已有数百种，使用极为普遍，虽然提倡无毒或低残毒农药，但并不能都达到要求，因此每年入海的有毒农药量还是比较大的；放射性物质类，来自核试验的散落物、直接向海洋倾倒核废料等，例如1993年俄罗斯就向日本海倾倒了大量的核废料。另外，在海上活动的核潜艇和核动力舰也有放射性废物的排放，如有海滩事故的发生，泄漏量将会非常大，美国和苏联已有几条核潜艇失事，每条艇上都载有数百万居里的核裂变物，后患是非常严重的；有机物和营养盐类，造成海洋污染的有机质和营养盐，来自工业、生活和农业污水，在每年数十亿吨的污水中，仅美国沿海城市通过粪便进入海洋的有机磷就达9万吨左右，其世界总量更是大得多。除上述污染海洋因素外，还有热污染和固体物质污染等。我国邻近海域污染，在近几十年来也有发展的迹象，特别是近海的河口、海湾区域，有的还比较严重。有资料保守估计，我国沿海工矿企业有5万多家，主要污染有280多处，每年排入海洋的工业污水有38.9亿吨，生活污水16.8万吨，入海的污水量可达55亿多吨。海上废物倾倒，数量也在增长。

作为自然界的水体，海洋较之陆地江河湖泊要庞大得多，其对污染物的承纳能力也极高。但海洋承受污染损害绝不是无限的，尤其是脆弱地区的海岸带和近海。近海众多海湾，一般都有不同程度的封闭性，由于水体交换能力相对较差，其稀释扩散与降解作用，大大低于开阔的海域，因此，以陆源为主的大量污染物进入后，会长期停滞在海湾之中，使水质、底质等遭受污染，达到一定界限不仅破坏生态环境、生态系统，使生物资源衰减，严重者甚至使生物绝迹，而且直接破坏区域自然景观和空间资源。目前世界不少沿岸水域的水质已处于Ⅲ类水质标准之下。水质的变差、变坏，导致了一系列污染灾害的发生，损失惨重，影响深远。

4．海洋生态环境恶化

海洋生态环境是海洋生物存在发展及海洋生物多样性保持的基本条件。生态环境的任何变化都可能或强或弱地影响海洋生态系统和海洋生物资源的变动。

一个时期以来，海洋生态环境恶化的趋向，也受到各沿海国家的重视，为改善生态条件，曾采取了一些措施，但是无奈海洋资源与空间的开发利用，却是各沿海国海洋工作的主流。在保护与开发关系的处置上，保护多服从于开发，所以，在海洋开发日益扩大的情况下，生态环境的破坏越来越严重。主要表现在：一是某些河口、海湾生态系统瓦解或消失。由于污染和海洋工程，像围垦、筑堤修坝、砍伐红树林、采挖珊瑚礁，使特定的生态环境完全改变，生态系统也随之变化或瓦解，如红树林的砍伐围垦、珊瑚礁采挖与炸礁、河口修筑拦河坝等，都会发生海域特定生态系统的消亡。二是海岸带与近海生物资源量和生态多样性降低。因生态环境破坏而造成生物资源量和多样性下降的事例，可以说在世界各地近海和海岸带比比皆是。例如沿岸与河口湿地的减少，沿海湿地是多种水鸟、海洋哺乳动物和濒危生物的重要生境。湿地的生产力和近岸性对渔业经济、商业和娱乐活动特别重要。据研究，大西洋和墨西哥湾沿岸海域，大约有2/3的商业鱼种，在它们的生命过程中的某些阶段必须依赖湿地环境。同时，这些湿地又是虾类、牡蛎、蛤类、鳍脚类等动物的索饵和隐蔽场所。因此，沿岸与河口湿地是海洋中的高生产力区域。但由于不同的原因，却在不断遭到破坏，仅其面积缩小就很惊人，从20世纪50年代至70年代间，美国的河口湿地减少了约150平方千米。又如海藻生境的破坏，海藻群落广泛分布在温带和热带沿岸水域，海藻丛生，为各种鱼类和其他生物创造了良好的栖息地，在阿拉伯湾每公顷海藻丛，每年可以提供850千克小虾，如果是热带、亚热带区域，海藻丛又同红树林、珊瑚礁群混生在一起，形成海洋生物繁殖、发育更为优越的生态环境，不同生长阶段的动物为觅食和寻求保护，就能够从一种生境迁移到另一种生境中去。对海藻的威胁主要来自挖泥船、围填海工程、捕捞使用的底层拖网和排钩以及污染等。据资料报道，世界各海区海藻丛受损比较严重，西澳大利亚科克本海的海藻从1954～1978年的20多年里损坏了近1/5。无论是沼泽湿地和海藻生境破坏，还是其他海洋生境破坏，很自然地会使海域生物资源和生物多样性下降。三是生境恶化致使偶发灾害事故增多。近海生态环境变差也诱发其他海洋环境灾害，其诱发的本质因素与所发生的灾害之间，彼此又互为因果，只是这里我们讨论的主体是生态环境恶化带来的问题。由于生态环境恶化而酿成的突发性灾害事故很多，诸如溢油事故，随着海运中的油轮大型化，油轮触礁、碰撞溢油危害大增，例如1989年3月24日美国“瓦尔迪兹”号油船，在阿拉斯加州近海触礁，24万桶原油流入威廉太子湾，形成宽1000米、长8000米的油带，在风浪作用下，大量原油被冲到沿岸，覆盖在海滩、沼泽地、岩石上，所及范围长1280多千米。溢油破坏了该区域的生境，使渔业生产损失0.5亿～1亿美元，海洋动物受害十分严重，有

3.3万只海鸟死亡，包括海燕、海鸠、海鹦等，生活在溢油区域的1.3万只海獭，死掉约993只，19只海鲸相继死亡，不少海狗、海狮、鲱鱼、绿鳕及其他的鱼类大批中毒死掉。另外，栖息在潮间带的海螺、甲壳动物、海藻和海星等中毒窒息。不仅生态损失很大，而且威廉太子湾的生境一时难以恢复。四是近海海区富营养化，赤潮与赤潮现象频频发生。赤潮产生的原因是多种多样的，但海域富营养化是形成赤潮的基本条件。赤潮的出现会进一步破坏海洋生态平衡。赤潮发生初期，由于植物的光合作用，水体的叶绿素溶解氧、化学耗氧量都要升高，pH值也要产生异常，造成水体环境因子的改变，海洋生物的结构发生变化，原有生态环境平衡被打破。赤潮是全球海洋的一种灾害，多造成较大的生态和经济损失，如1964年底美国佛罗里达西海岸发生赤潮，使大批鱼、虾、海龟、蟹和牡蛎等死亡，冲到海滩上的死鱼，堆积长达37千米。赤潮后相当长的时期，海域的生态系统难以恢复。赤潮还直接危害人体健康。从20世纪70年代以来的资料看，赤潮毒素致人死亡的事件，几乎年年都有发生。其他生态环境恶化引起的突发事故，还有海上倾倒等。海上倾倒造成的损害事故在我国近年来也不断发生，如1988年大窑湾建港工程违法倾倒淤泥，使大孤山、湾里、满家滩等地30多平方千米水质变坏，养殖场减产8.4万吨，直接经济损失3600万元；1992年香港在珠江口外伶仃岛一带海域倾倒废弃物，使海域无鱼可捕，污泥漂散到附近海水养殖区，引起大量鱼贝死亡，仅网箱养鱼致死量达10万千克，损失900多万元。

二、污染的恶果

在我国南海北部湾东北岸，有一个令人心驰神往的珠宝之乡：广西合浦。“珠还合浦”的民间故事在人们的嘴边流传了上千年。合浦海域产的珍珠，被称为“南珠”，细腻圆滑，光润晶莹，玲珑多彩，历代皇朝都视其为稀世珍宝。国际市场上，更有“西珠不如东珠（日本），东珠不如南珠”之说，合浦珍珠的质量堪称世界之冠。

从1958年合浦办起我国第一个珍珠养殖场起，珍珠生产实现了基地化，科技成果的推广使珍珠生产快速发展，由二十世纪六七十年代产珠几十千克，发展到1995年的年产珠845.3千克，全县的珍珠养殖场已从1962年的2个，发展到1995年的80多个，养殖珍珠的面积已达13余平方千米，年产值已逾亿元。然而近几年，人们发现，合浦珍珠的质量正在下降，正在失去往日以质优驰誉于世的风采。合浦人在思考：珍珠质量下降的原因是什么？后来发现是合浦沿海的严重污染改变了珍珠的性状。这些污染包括：

（1）沿海工业排污。沿海化肥厂、水泥厂、爆竹厂等等排放的工业废水、废渣污染了沿岸海水。

（2）施放农药和化肥对海洋的污染。合浦使用化学农药最多的有“鱼塘精”“乐果”和“敌百虫”，农田附近的大小河流均受到农药、化肥的污染，河水流入海里，造成海洋污染。

（3）船舶含油污水的污染。合浦沿岸往来频繁的运输船和80%的渔船是动力船，船只排出的机舱水、洗舱水和压舱水中，含有大量的油，造成沿海海水的污染。沿海群众的生活排污也污染了沿海珠场海水，影响到合浦珍珠的质量。

今天的合浦人正在用他们的双手保护海洋环境，还南珠以纯正的光泽。

是什么原因使我们的海洋不再湛蓝？除了围海造田、竭泽而渔外，污水、废物的排放是造成近海环境质量下降的元凶。“贫穷是最大的环境问题”，沿海地区人口的急剧膨胀、无节制的资源消费、落后的生活方式和陈腐的生存道德观，应该是海洋环境污染的终极原因。

风景优美气候宜人的海滨，本来是人们休闲游览、避暑疗养的胜地，适宜的地区还可以开辟海滨浴场，然而污染物质大量进入海洋后，优美的海滨环境遭到破坏，碧波荡漾、游人如潮的盛况成为过去，留下的是人们的慨叹与惋惜。许多著名的旅游城市，海水浴场表层漂浮着黑色的油脂和五颜六色的垃圾，海滩上满是木片、碎纸和油污，大大降低了海滨的观赏和使用价值。更为严重的是，受污染的海水中各种病菌大量繁殖，在波罗的海，由于来自斯德哥尔摩的污水中含有腺甙病毒，使许多游泳者患上传染病。

进入海洋的固体污染物质，给人类的海上生产和航运设置了重重障碍。在波罗的海的松得海峡，每年夏天，附近海区的渔民捕获的往往不是水产品，而是一网网的垃圾，因为这里有几百艘客轮经过，这些船每天要产生50立方米～400立方米的废物。

海水中蕴藏着丰富的化学资源，是天然的食盐生产基地，又是碘、钾、镁、溴等元素的重要供应站。由于污染物质的侵入，天然海水中有害物质的浓度大大增加，影响了海水的使用品质，也使原来的生产过程复杂化。

一个健康的成人每天需要从各类食品中，吸收5克～20克的盐来维持人体血液的渗透压，保证新陈代谢的顺利进行，如果摄入的食盐中长期含有重金属等污染物质，必然会引起中毒。世界上第一颗原子弹爆炸后不久，科学家在日本盐田苦卤析出的光卤石里，发现了放射性同位素铯。海水晒盐的生产过程本来非常简单，但海水遭到污染，按传统方法组织生产，海水中的有害物质必然混入海盐中，后果不堪设想。

有些污染物质在海水中会发生相互作用，生成新的有害物质，影响海水的使用。当含硫化钠的废水与含硫酸的废水混合后，会生成有毒的硫化氢。如果海水受到有机污染，某些有害的海洋生物就会大量繁殖。沿海工厂设备通常利用海水作冷却水，大量繁殖的海洋生物会导致冷却水管堵塞，酸碱等污染物质严重腐蚀港口设施。海洋污染给人类利用海水增添了麻烦。污染物如幽灵一般缠绕着海洋，受害最深的是成千上万种世代在海洋中繁衍生长的海洋生物。多少年来，海洋生物依循自己的生活习性自由地生长发育、传宗接代。但是，当名目繁多的有害物质大量侵入海洋后，它们的生存空间被无情地破坏了，海水中溶解氧含量下降，各种毒素和细菌、病毒肆虐，海洋生物陷入危险境地，海洋生态系统面临严峻的挑战。

三、呻吟的中国海

近年来的中国，从南端的北仑河口到北端的鸭绿江口，处处都能见到海域环境恶化的现象：海南岛珊瑚礁破坏殆尽，深圳大鹏湾生物绝迹，舟山渔场已难形成鱼汛，胶州湾仅剩17种生物，白浪河口银鱼绝迹。昔日传统的渔场变为无生物区，原来盛产的带鱼、小黄鱼、鲳鱼、鲈鱼和梭鱼现在只能见到未成年的幼鱼，大部分甲壳类动物体内重金属严重超标……局部海域已经到了濒临危机的程度。

位于北方的大连湾，每年通过80余个排污口，接纳大连市500多个工业污染源的近3亿吨废水和约2800万吨城市污水，大量工业废渣和油类也不时进入曾经是海珍品养殖基地的大连湾滩涂。20世纪60年代初期，这里的海参、鲍鱼年产1000吨，到20世纪80年代中期，大连湾早已失去往日的清净，海上污染事故频繁发生，经济鱼贝类几近绝迹，海珍品几乎彻底告别大连湾，给海边居住的人们留下永久的遗憾。

渤海北部的锦州湾，面积不足100平方千米，重金属污染却特别严重，20世纪80年代初有学者为此

南海海滨风光

呼吁。20多年过去了，锦州市大型冶金、石油、化工企业的一条条排污管道，如毒龙一般冲向锦州湾，3000多万吨污水和几十万吨废渣，使锦州湾成为一个污水湾。海水中汞的含量超过三类海水水质标准的8倍，其他重金属和石油含量也不同程度地超标。渔场早已荒芜，鱼虾成群的历史只能残留在老年人的记忆中。1966年锦州的黄花鱼产量为6000吨，1970年只有2吨，现在则基本绝迹。辽河油田在锦州沿海的滩涂上钻井采油，原油污染了大面积可利用的滩涂，大量海生动植物死于非命。

胶州湾拥有丰富的物产，被誉为“黄海明珠”。当来自东岸青岛市的每年7300万吨工业废水、1600万吨生活污水、35万吨工业有毒废渣和37万吨有害废气烟尘汇入胶州湾后，这颗明珠便黯然失色了。东岸滩涂生物种类锐减，有的几乎绝迹。沧口滩，20世纪60年代初期，潮间带生物达171种，到20世纪70年代中期，已降至30种，而在20世纪80年代初，下降到17种。采集到的蛤类，也多因污染严重、残毒量高而不能食用。更严重的是，胶州湾的面积正以惊人的速度缩小，在1958～1964年之间，由于任意填海建厂和围垦造地，平均每年缩小15平方千米，人们担心，如果以这样的速度继续下去，不久的将来胶州湾将被填为平地。

在长江口海域，每年排入舟山渔场海域的含高浓度污染物的污水达20亿吨，上海市每天排出的7500余吨粪便，大部分经长江入海。渔场水体中多种重金属含量不同程度超标，病原体肆虐，直接影响海洋生态系统的结构和稳定性，加之捕捞过度等原因，捕获量连年下降，目前总产量较之20余年前的总产量少了很多。更危险的是，大量海洋生物体内蓄积的有毒物质和携带的病原体，已经危及人们的健康。比如，1988年和1989年，上海、江浙地区就发生了两次令人震惊的“甲肝”事件。有关单位已经发出“舟山渔场已成为沿岸城市的纳污场所”的疾呼。

珠江三角洲和广东沿海地区，每年向海洋排放工业废水9亿多吨、生活污水7亿多吨，毗邻海域的海水严重变质，在珠江口、珠海九洲港、深圳湾附近，海水含油量分别超标7倍、6倍和3倍，生物资源衰退，某些鱼类濒临绝迹，旅游资源、海水养殖均受到不同程度的破坏。莱州湾、海州湾、湄洲湾、鸭绿江口、辽河口、厦门海区等等海域，也都存在类似的情况。

四、爱护、保护海洋

海洋不停地运动，潮、浪、流可以说是海洋生命的活力。只有不停地运动，海洋才能在“吐故纳新”中继续“生存”下去。但是，这种运动也不能过度，若过度了同样会破坏自身的“机体”。在地球上，以及环绕在地球附近的，有海洋、人和大气，这三者之间相互作用，彼此影响。

让我们首先来看看在海洋中生活着的数十万种的生物吧!现在已经发现它们中的一些物种已经灭绝，而且这种情况还在继续。据报载，世界海洋渔业资源几乎濒临枯竭。鲸集体自杀，哥伦比亚沿海的海龟大批死亡，秘鲁海域大批海豹饿死。目前世界上200种最有商业价值的鱼类中，60%遭到过度捕捞，有的甚至被捕捞到了极限，很多鱼类的数量已降到了历史最低水平。据最新调查结果说明，全世界珊瑚礁受到严重的破坏，并已影响到生活在珊瑚礁区的海洋生物，如81%的珊瑚礁区已见不到龙虾的踪影了；40%的珊瑚礁区已见不到长度超过30厘米的石斑鱼；在印度洋和太平洋的41%的珊瑚礁海域已见不到可食用的海参；在印度洋和太平洋的珊瑚礁区，只发现了17只砗磲。这些局部的情况，足以说明海洋生物所面临的危机。

遨游在深邃的海底

不仅如此，由于海洋污染严重生物成了有毒的了，所以，有些人由于吃了一些原来经常食用的生物，这次却送了性命，活下来的人也有的成了残疾。本来很好的游泳场，可是一下子成了黑乎乎的一片，有些海鸥死在这墨黑的海滩上。海洋被毒化的情况也很严重，尤其是在沿海海域发生赤潮的频率也比过去高多了。为什么会发生赤潮呢？原因很简单，从陆地向海洋中排污，这些污水含有富营养物质。还有，在沿海的海洋生物养殖业，在养殖中要用饲料，大量含有废饲料的养殖池废水又被排入海洋之中，由于海水的运动不充分，这些富营养的水体集聚在一起，很快就产生赤潮。

气候变暖，海平面上升，一些低洼的沿海区将被淹没。厄尔尼诺现象，气候变暖，臭氧层遭受破坏等，都给海洋带来了影响。

全世界气候转暖南极冰川要融化，大洋中的流冰也会增多。这些漂浮的冰山给航行的船只带来了危险，更不要说两极冰的融化使海平面升高会加快，带来沿海的风暴潮灾害的发生，成灾的强度增大等。

气候变暖要改变海面的水文状况，海、气相互作用也会发生与过去不同的变化机理，需要进行新的调查，进行深入的研究，以求掌握新的变化规律。

海洋的变化又反过来影响了全球性气候的变化，厄尔尼诺现象就是世界气候异常的重要源头。

从以上情况可以说明，人类必须认真对待海洋向我们发出的“警告”。不能不严加注意了，再不采取措施，恐怕就要来不及了。就说冰川的融化吧！当温度升到一定高度时，冰就开始融化了，这时，温度又开始下降，但如果温度再持续上升，而且是大面积的。也可以说，冰融化后的降温，丝毫也不影响冰的继续融化，那么，海平面的上升速率就快了。这不是“骇人听闻”，而是可能发生的事实。

不管是出于什么原因，现在世界各国已经注意到了问题的严重性，并召开了为减少排放温室气体的国际性会议，发达国家开始承担责任，承诺减少温室气体的排放量，因为温室气体是使气候变暖的一项重要因素。

我们应该知道，要减少温室气体的排放量，首先是指减少二氧化碳的排放量，这就需要改变汽车的燃料，需要技术改造，或者改变汽车的发动机；再就是要提高能源的效率，还要求做到节省能源，更要减少矿物燃料的使用量。这就要求我们研究和利用非化石燃料，包括再生能源的开发利用，如太阳能，就是最好的再生能源，它既无污染，也不产生二氧化碳等温室气体，只要太阳存在，就可以产生能量。还有风能，同样是没有污染，也是可以再生能源，只是风能不是在任何地方都能用，因为无风的地方就无法利用风能，这是风能的一点局限性。

当然，在无污染的再生能源中，要以海洋能为最丰富，海洋能都是再生能，而且蕴藏量大，范围广。除了我们前面谈过的潮汐能、波浪能、海流、潮流能、温差能等，还有盐度差能、生物能等等。这些能源有少数几项在试验阶段，有的已开始投入生产运行了。这些能源的开发利用，可以为我们供应电能。现在我们都知道淡水越来越紧张，水资源的不足已经在制约许多国家的经济发展，岛国更是如此。假若我们能够充分地开发海洋能，不管是潮汐能，还是波浪能，或者是海流能等，只要能将其成本降下来，就可以大量地淡化海水，解决我们对淡水资源的需求。而且，海水淡化的技术过关以后，我们可以对污水进行处理，从而使我们人类减少对环境的污染，因为，排向海洋中的都是处理过的水，是完全不会污染海洋的。

值得特别注意的事情，是要千方百计地阻止向海洋中排污。在这里所说的排污，包括航行在海洋上的船只的排放污水、污物，特别是油污，从陆地上向海洋中排放的污水和污物，沿海进行海洋水产养殖的污水排放，在近海的海水中养殖，喂养饲料等，最重要的一项污染物就是核废料的存放问题，还有油船漏油的污染。这些污染对海洋的影响是十分严重的，它们在海洋的潮流、海流、波浪等的传递下可以扩散得很广，可能给海洋生物造成致命的灾害。特别是油污染致使鱼类、鸟类，甚至连较大的海兽都是无法幸免的。

生态平衡，这是已经被科学家们所公认的科学规律，但是，人类在其实践中却经常违背这些科学规律。比如，海洋鱼类的生产量是有限的，它是根据太阳的光合作用和碳的生产量，来供应海洋生物的生长。它是一个生物链，在这个生物链中，哪一环受到破坏，都会直接影响到海洋生物的生存。那种不讲科学、狂捕滥捞，甚至采取毒鱼、炸鱼等恶劣手段会严重破坏渔业资源；滥捕鲸鱼、鲨鱼等濒危物种，也会中断海洋生物链，造成海洋生态失衡，也不利于渔业资源的养护。生物本身也要一代一代地传下去，它们也需要经过幼年、中年、成年和老年，我们最理想的捕捞对象是成年以后的海洋生物，尤其是鱼类。只有这样才能保证渔业资源不断地供应。如果我们捕捞的是中年的鱼，虽然鱼的个头并不算小，但是，从生态来讲它还未完成传宗接代的任务，很可能它的体内有千万个儿女被人们给食用了，更不要说，所捕捞的是幼鱼了，黄花鱼不足5厘米长，带鱼1厘米宽，蛤蜊是将数代一起给挖走了，这真是有点想斩草除根的味道。在中国的黄海和东海，由于数年连续捕捞不足一厘米宽的带鱼，结果几年都捕不到带鱼，中国市场上的带鱼，几乎绝迹，后来，才又在市场上有了带鱼，但是一尝味道不对，原来那是远洋渔船从热带的深海中捕到的带鱼，与中国沿海的带鱼味道相差很大。现在经过了数十年，才又开始吃到了味道鲜美的中国海的带鱼。小黄花鱼也有类似的情况，本来应该在产卵后再捕捞，结果一些人为了“发家致富”而不顾子孙后代，提前开捕起来，所以，使小黄花鱼一度在市场上绝迹，近两年才又开始好转，小黄花鱼又在我们的餐桌上露面了。

类似的情况太多了，不仅在中国沿海，在世界海洋中的所有渔场，几乎都存在着类似的情况。所以，迫切需要采取措施，以便保护渔业资源，中国政府做出了休渔期的规定，即每年有几个月的休渔期，在此期间禁止渔船出海作业，从市场上也可以看出，在休渔期间，市场的鲜货很少，而且价格也高很多，但由于采取了这样的措施我们才有可能长期吃到更多的海鲜。当然，我们也看到，受利润的诱惑，私自在休渔期偷捕的情况还是常发生的，这些人既不懂法，也不懂科学，他们不知道，今年虽侥幸地偷捕到了一点鱼，可能未被捉获，赚了一点钱，岂不知如果都那样做以后将会捕不到鱼。为了我们今后能够吃到海鲜，所以，不仅要制定必要的法律和法规，而且还要学习一些必要的科学知识，像为什么要休渔，为什么不能捕幼小的鱼，大家都弄懂了，就会去宣传，同时还可以去抵制那些破坏者，如在市场上碰到卖幼鱼的贩子，应该举报，最起码不去买，使他们赚不着钱。

现在海洋受到的污染太多了，向海洋排污需要政府和环保部门来制定措施，还要做一些具体的规定。为了防止污水被排入海洋中，需建设一些污水处理厂，将要排向海洋的污水经过处理，在达到不污染海洋的程度后才向海洋排放。有一些情况也是难以预料的，像一些油船在海上发生意外，这是事先无法预料的，而且出事地点也无法事先知道，为此，应该有应急的措施，油船出事，就会有大量的油料漏入海洋，这种情况对海洋污染的程度最严重，它随海洋环流还会被带到其他海域，这时的海洋生物，就连一些海兽都无法避免厄运，所以，首先要能做到使其扩散的范围越小越好，能够以最快捷的手段清除油污最好，若能够回收是最理想的。现在有些部门已经研究出了围隔油污扩散的设备，据反映还不错，中国青岛就在油码头设有此种设备。

为了我们自己，也为了我们的子孙后代，请保护海洋的洁净，也保护海洋中的一切生命能够以其本身的规律去生存，海洋是我们最后的生存空间，我们绝对不应该为了自己的生存，而去破坏这生存空间。开发海洋，是为了人类更好地生活和生存下去，绝对不要一方面自己在千方百计地养殖海洋生物，可是另一方面又在养殖中生产出污水又放入海中去“杀死”海洋中生存的生物。

一句话，海洋是一个很大的空间，有自己的一整套运动规律，海水的运动只是其中的一部分，但是，它又与其他部分有着密切的联系，要了解海洋需要从多方面放手，要认识海洋更需要深入到海洋的各个方面。只有这样做了，方可以说对海洋有了认识。愿你将来成为一位对海洋有些认识的人！并成为保护海洋、开发海洋、研究海洋的人！